第4章　正午咖啡厅室内表现

第111页

両点
透視

第10章　休闲广场黄昏鸟瞰图

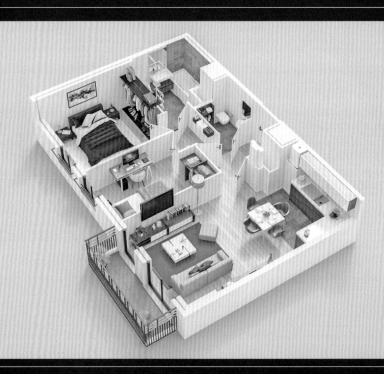

第11章　现代风格室内鸟瞰图

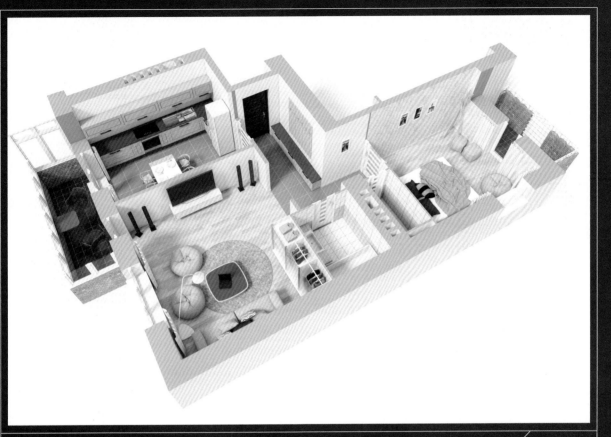

第13章　书房工作台小场景表现　　　第221页

第14章　手工模型风格渲染　　　第233页

新印象

VRay for SketchUp
效果图高级渲染技法

王功勋 王鹏宇 编著

人民邮电出版社
北 京

图书在版编目（C I P）数据

新印象：VRay for SketchUp效果图高级渲染技法 /
王功勋，王鹏宇编著. -- 北京：人民邮电出版社，
2021.6
ISBN 978-7-115-55775-9

Ⅰ. ①新… Ⅱ. ①王… ②王… Ⅲ. ①建筑设计－计
算机辅助设计－图形软件 Ⅳ. ①TP391.41②TU201.4

中国版本图书馆CIP数据核字(2021)第019462号

内 容 提 要

本书旨在全面讲解 VRay for SketchUp 渲染器的功能及其应用，内容包含 SketchUp 的功能设置、VRay
基础（灯光、材质、环境、渲染），以及室内外渲染案例。本书面向零基础读者编写，循序渐进地安排教
学内容，是初学者快速而全面地掌握 VRay for SketchUp 渲染器的应备参考书。

全书以各种不同场景的实战案例为主线，并对每一个案例制作过程中的重点内容进行详细介绍。既
对所讲知识进行归纳和总结，也提供项目流程参考，提高读者的实战能力。通过 12 个几乎涵盖常用灯光
类型的场景表现，读者可以深入学习软件功能和表达技巧，并可以做到举一反三。

本书适合作为高等院校建筑设计类专业和培训机构相关课程的教材，也可以作为 VRay for SketchUp
自学者及爱好者的参考用书。

◆ 编　著　王功勋　王鹏宇
责任编辑　杨　璐
责任印制　马振武
◆ 人民邮电出版社出版发行　　北京市丰台区成寿寺路 11 号
邮编　100164　电子邮件　315@ptpress.com.cn
网址　https://www.ptpress.com.cn
北京瑞禾彩色印刷有限公司印刷
◆ 开本：787×1092　1/16
印张：15.25　　　　　　彩插：4
字数：478 千字　　　　　2021 年 6 月第 1 版
印数：1 - 2 500 册　　　2021 年 6 月北京第 1 次印刷

定价：129.00 元

读者服务热线：(010)81055410　印装质量热线：(010)81055316
反盗版热线：(010)81055315
广告经营许可证：京东市监广登字 20170147 号

前言

SketchUp（草图大师）是一款极受欢迎的三维设计软件，它的主要特点是使用简便，可以快速上手。设计师使用SketchUp创作的过程中不仅能够充分表达自己的设计思想，还可以直接在计算机上构思自己的作品。随着SketchUp在建筑设计、室内设计等专业领域的应用愈加广泛和深入，针对它的渲染插件也应运而生并蓬勃发展，而VRay渲染器便是其中应用十分广泛的一款插件。

VRay渲染器是Chaos Group公司开发的功能强大的渲染插件。它是一款光线跟踪渲染器，能够通过真实的光线计算创建专业的照明效果。VRay是十分受业界欢迎的渲染器，为不同领域的优秀三维建模软件提供了高质量的图片和动画渲染。

在设计师的实践环节中，SketchUp+VRay堪称"黄金搭档"。设计师可以充分利用SketchUp擅于建模、VRay擅于渲染的优点，大大提高设计效率。为使设计师能够在较短的时间内全面掌握设计表达技巧，我们在人民邮电出版社数字艺术分社的邀请下编写了本书，编写时力求从初学者的角度出发，深入浅出地讲解SketchUp+VRay的详细功能。

我们对本书的编写体系做了精心的设计，按照**"软件介绍→功能详解→案例实操"**这一思路进行编排。全书共分为14章，从基础出发，以案例实操为主，层层展开，力求通过不同类型的案例表现出完整的工作流程，且在案例的选取上本着由易到难、以点带面的原则以达到循序渐进的效果。在内容表达方面，结构清晰明了，文字简单直接，力求带给读者最有效的帮助。

为了让读者学到更多的知识和技术，我们在编写本书的时候专门设计了"技巧与提示""技术专题""疑难问答"等板块，针对性讲解一些拓展知识。千万不要跳过这些"小板块"，它们会给您带来意外的惊喜。

（1）**技巧与提示：**针对软件的使用技巧和案例操作中的难点进行重点提示。

（2）**技术专题：**包含大量技术知识讲解，帮助读者深入掌握软件操作。

（3）**疑难问答：**包含技术讲解中的知识性疑难点。

由于编者水平有限，本书难免会有疏漏之处，还请广大读者批评指正。另外，本书所有内容均基于中文版SketchUp Pro 2018、VRay 3.6.03版本进行编写，请读者使用同样版本或更高版本学习。

编者

2020年12月

资源与支持

本书由"数艺设"出品，"数艺设"社区平台（www.shuyishe.com）为您提供后续服务。

配套资源

全书案例的贴图文件、灯光文件、代理模型、场景文件、最终模型文件及成图
全书案例的视频教程

资源获取请扫码

"数艺设"社区平台，为艺术设计从业者提供专业的教育。

与我们联系

我们的联系邮箱是szys@ptpress.com.cn。如果您对本书有任何疑问或建议，请您发邮件给我们，并请在邮件标题中注明本书书名及ISBN，以便我们更高效地做出反馈。

如果您有兴趣出版图书、录制教学课程，或者参与技术审校等工作，可以发邮件给我们；有意出版图书的作者也可以到"数艺设"社区平台在线投稿（直接访问 www.shuyishe.com 即可）。如果学校、培训机构或企业想批量购买本书或"数艺设"出版的其他图书，也可以发邮件联系我们。

如果您在网上发现针对"数艺设"出品图书的各种形式的盗版行为，包括对图书全部或部分内容的非授权传播，请您将怀疑有侵权行为的链接通过邮件发给我们。您的这一举动是对作者权益的保护，也是我们持续为您提供有价值的内容的动力之源。

关于"数艺设"

人民邮电出版社有限公司旗下品牌"数艺设"，专注于专业艺术设计类图书出版，为艺术设计从业者提供专业的图书、U书、课程等教育产品。出版领域涉及平面、三维、影视、摄影与后期等数字艺术门类，字体设计、品牌设计、色彩设计等设计理论与应用门类，UI设计、电商设计、新媒体设计、游戏设计、交互设计、原型设计等互联网设计门类，环艺设计手绘、插画设计手绘、工业设计手绘等设计手绘门类。更多服务请访问"数艺设"社区平台www.shuyishe.com。我们将提供及时、准确、专业的学习服务。

目录

目录

第6章 北欧风格室内阴天表现

第7章 现代风格别墅夜景表现

目录

目录

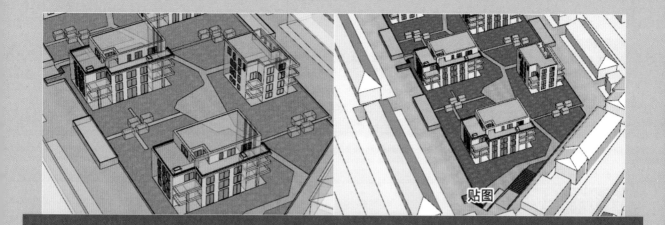

贴图

第 1 章 使用 SketchUp 的良好习惯

本书旨在系统地讲解 VRay 这款优秀的渲染器在 SketchUp 平台中的应用。读者首先需要了解 SketchUp 这款建模软件，培养使用软件的良好习惯，以便规避渲染中容易出现的一些问题，更熟练地操作软件，提高工作效率，构建细致、干净的模型，提高图片渲染的质量。

1.1 优化SketchUp操作环境

SketchUp是一款"宽容"的三维建模软件，其简单的界面和便捷的操作方法给设计师带来了很多创作的乐趣，打破了思维的束缚，使设计师能快速绘制草图，因此SketchUp在我国也被翻译为"草图大师"。用户初次使用SketchUp时需要对软件进行个性化设置，以适应自身的使用习惯。

1.1.1 模板

1.关闭欢迎界面

打开SketchUp程序时，默认会弹出一个欢迎界面，该界面中显示了"学习""许可证""模板"3个卷展栏，便于初学者更好地认识SketchUp。

首先选择适合自身习惯的模板，此处模板的单位按照我国建筑计量习惯选用毫米制，选择的模板将作为SketchUp启动时默认的模板。如图1-1所示，取消勾选"始终在启动时显示"选项，单击"开始使用SketchUp"按钮，再次打开SketchUp时就不会再出现欢迎界面。

如果想要恢复在启动时显示欢迎界面，可以执行"帮助>欢迎使用SketchUp"菜单命令，如图1-2所示。

在欢迎界面中勾选"始终在启动时显示"选项，就可以恢复到默认状态，如图1-3所示。

图1-1

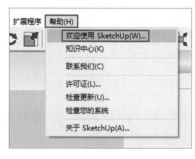

图1-2

图1-3

2.创建自定义模板

虽然SketchUp提供了15种模板，但是它们并不都适合进行大规模的建模操作，尤其是对于面数过多的模型，因此，创建属于自己的、准确的模板尤为重要。

SketchUp中模板的本质包含两个方面——风格和单位，其中较重要的是风格。风格负责管理SketchUp中的边线、平面、背景和水印等方面。软件提供了多种预设风格，如手绘线条和蓝图等。下面就风格创建一种常用的模板，并将其作为默认模板。

◆ 修改边线模式

展开右侧面板中的"风格"卷展栏，单击"编辑"标签，如图1-4所示，切换到"编辑"选项卡。

取消勾选"轮廓线"选项，让模型只显示边线，如图1-5所示。这样可以加快一些边线复杂的模型在SketchUp中的运行速度，也可以使模型显得干净、简洁。取消勾选"轮廓线"选项前后的效果对比如图1-6所示。

图1-4

图1-5

图1-6

◆ 删除场景中的配景人

选中配景人，单击鼠标右键，选择"删除"命令，如图1-7所示，即可删除场景中的配景人。

◆ 清理配景人的材料（材质）

删除配景人后，原本为之分配的材质并未一起删除，需要手动清理。执行"窗口>模型信息"菜单命令，如图1-8所示，打开"模型信息"对话框。

在"模型信息"对话框的左侧列表中选择"统计信息"选项后，对话框右侧会显示"整个模型"的信息统计数据。此时场景中已经没有任何模型，却显示有6种材料，如图1-9所示，因此需要将其清除。单击"清除未使用项"按钮即可清理删除配景人后多余的6种材料。

图1-7

◆ 将更改的结果保存为默认模板

执行"文件>另存为模板"菜单命令，如图1-10所示，打开"另存为模板"对话框。

图1-8

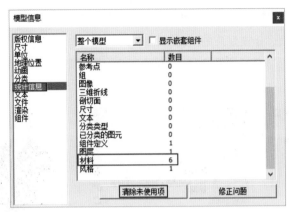

图1-9

图1-10

在"名称"文本框中输入"我的模板"，如图1-11所示。然后在"文件名"文本框中单击，生成对应名称"我的模板 skp"，单击"保存"按钮，完成自定义模板的创建，如图1-12所示。

图1-11

图1-12

1.1.2 系统设置

本小节主要介绍SketchUp的显示设置、工作区设置等优化SketchUp操作环境的设置。

1.OpenGL设置

执行"窗口>系统设置"菜单命令，如图1-13所示，打开"SketchUp系统设置"对话框。"SketchUp系统设置"对话框中第一个选项就是"OpenGL"，如图1-14所示。

与多数绘图软件相似，在绘制过程中SketchUp非常依赖于OpenGL加速，因此默认选择了适合多数计算机和多数场景模型的设置（"4×多级采样消除锯齿"和"使用快速反馈"），以充分发挥硬件加速的作用，一般不需要修改。

如果所渲染的模型面数过多，可将"多级采样消除锯齿"的倍数改为"0×"，如图1-15所示。

图1-13

2.工作区设置

切换到"工作区"选项面板，取消勾选"使用大工具按钮"选项，单击"确定"按钮，使绘图区域变得更大，如图1-16所示。

执行"视图>工具栏"菜单命令，打开"工具栏"对话框，勾选常用的一些工具栏选项，如"标准""大工具集""风格""实体工具""使用入门""视图"等，如图1-17所示。这里只需根据自己的实际使用情况选取要显示的工具栏即可，不需要全部激活。

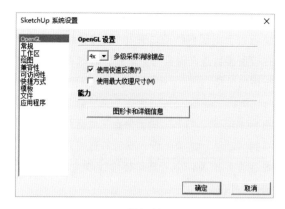

图1-14

图1-15

图1-16

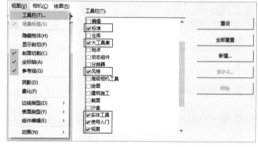

图1-17

取消勾选重复的工具栏选项，将激活的零散工具栏整合归位，可以根据需求自行排列。SketchUp会将当前排列结果作为默认状态。最终调整效果如图1-18所示。

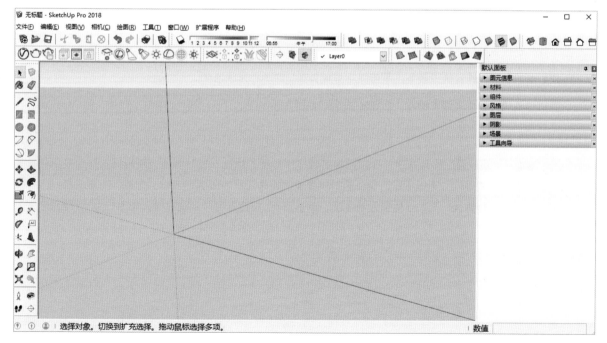

图1-18

3.动画设置

默认情况下，当模型有多个场景时，切换场景会出现两秒的过渡和1秒的停顿，这在模型面数过多时会导致卡顿，此时可以进行相应设置。

执行"视图>动画>设置"菜单命令，如图1-19所示，打开"模型信息"对话框。切换到"动画"选项面板，取消勾选"开启场景过渡"选项，将"场景暂停"改为0秒，如图1-20所示。

图1-19   图1-20

1.1.3 快捷键

SketchUp是一款操作简单、便捷的建模软件，其操作既可以通过菜单命令，也可以通过工具按钮或快捷键来完成，并且几乎所有操作都可以通过快捷键来快速完成。就这一点来说，SketchUp的可用性和可操作性是相当强大的。

1.常用快捷键

SketchUp软件中常用的绘图工具快捷键主要定义方式为工具对应的英文单词首字母，如"直线L（Line）" ✏、"推拉P（Push/Pull）" ◆ 和"缩放S（Scale）" ◼，建议保持默认设置，以便于记忆和适应。常用绘图工具的快捷键在键盘上对应的键位如图1-21所示。

图1-21

双击或三击选中某一个面或模型，然后用鼠标右键单击选中的面或模型，选择"创建组件"或"创建群组"命令，即可完成组件或群组的创建操作，如图1-22所示。

整个操作流程主要依靠鼠标完成，如果操作得过快，就有可能选择错误，并且会使效率变低。

创建群组的快捷操作：选中模型，单击鼠标右键并按G键即可完成创建。

创建组件的快捷操作：选中模型，按G键即可完成创建。

2.自定义快捷键

执行"窗口>系统设置"菜单命令，在打开的对话框中选择"快捷方式"选项，对话框右侧会显示快捷键设置的界面。在"过滤器"文本框中输入需要添加快捷键的操作名称的关键字，在"功能"列表中找到对应操作，然后在"添加快捷方式"文本框中输入快捷键，单击"+"按钮即可添加快捷键，如图1-23所示。

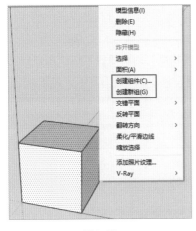

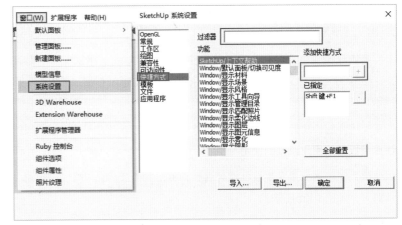

图1-22   图1-23

接下来介绍几个常用操作的自定义快捷键。

原位粘贴： 保持原对象的坐标进行复制粘贴，不需要再次设置位置，是一个非常实用的功能，常用于组与组之间的移动。执行"编辑>原位粘贴"菜单命令，需要单击两次才能完成操作（操作过快会出现错误，而设置快捷键即可事半功倍），如图1-24所示。

为了与其他软件如Photoshop等同步，常将其快捷键设置为Ctrl+Shift+V，如图1-25所示。

X光透视模式： 主要用于建模细部，解决模型互相遮挡的问题，是一个比较常用的功能，开启后的效果如图1-26所示。

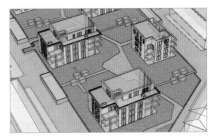

图1-24   图1-25   图1-26

在"风格"工具栏 中单击 按钮开启"X光透视模式"，再次单击该按钮可以关闭该模式，这显然没有使用快捷键效率高。常把"X光透视模式"的快捷键设置为X键。

在"过滤器"文本框中输入关键字"X光"无法得到相关结果，需输入"透视"才能快速找到此功能，如图1-27所示。

隐藏剩余模型： 在编辑群组或组件时，如遇模型互相遮挡，则需要单独显示此群组或组件，以便于编辑组内的模型，在SketchUp

图1-27

中这个功能叫作"隐藏剩余模型"。执行"视图>组件编辑>隐藏剩余模型"菜单命令即可完成相应的操作，如图1-28所示。

在实际操作中，如果能用快捷键快速达到目的就少用鼠标。"隐藏剩余模型"的快捷键可以由用户自定义，设置方法与前文相同。此处将快捷键设置为Shift+A或`（"间隔号"键，位于Esc键下方），如图1-29所示。

上述介绍的功能及其对应的快捷键是建模中较常用的，用户还可自定义更多功能的快捷键，具体使用何种快捷键取决于用户自身的使用习惯。

用户还可将自定义的快捷键导出为文件，省去软件重新安装后再次定义的麻烦，届时导入定义快捷键的文件即可，如图1-30所示。

图1-28

图1-29

图1-30

1.2 正反面问题

对SketchUp的老用户来说，SketchUp的正反面问题已是老生常谈，在建模过程中总能遇到。

1.2.1 正面朝向的意义

本节以"是什么、为什么、怎么办"3个问题简单阐述SketchUp的正反面问题。

1.问题1

初学SketchUp的用户也许会有这样一个疑问：为什么创建的模型表面总是呈现两种不同的颜色呢？

这是一个好问题。SketchUp模型的面分为正面和反面，正面默认以白色显示，反面默认以淡蓝色显示，也可进行修改。此处保持默认设置。正面和反面颜色如图1-31所示。

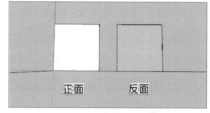
图1-31

2.问题2

正面和反面有何区别？作用分别是什么？

正面和反面本质上都是模型的表面，只是方向不一致，可以说二者是一种对立关系，一个表示"表"，另一个表示"里"。虽然正面和反面只是一种标记和象征，但是模型的正面一定要朝向相机。

由此引发第3个问题。

3.问题3

为什么模型的正面一定要朝向相机？反面不行吗？

模型正、反面对建模的影响看似不大，只是表面的颜色不同而已。但对渲染而言就不同了，"表"和"里"是完全不一样的概念。

在VRay中渲染两个相同的玻璃球，前者是模型正面朝向相机，后者是反面朝向相机，虽然两个模型看上去一模一样，但是渲染结果却完全不同，如图1-32所示。

因为VRay是基于模型对象表面的正面进行计算的渲染器，所以在创建模型的过程中，一定要保证模型的正面朝向相机，这样才能正确地完成渲染任务。

在其他一些软件（如Lumion）中导入SketchUp模型时，其反面是不能被识别的，如图1-33所示。

如果赋予模型材质后出现正面未朝向相机这种问题，将会对后续工作造成非常大的影响，增加一些不必要的麻烦。

综上所述，模型的正面朝向相机的意义在于，可以避免渲染反面时出现问题，同时可以培养用户良好的建模习惯。

图1-32

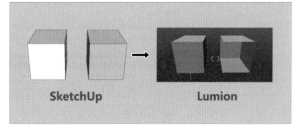

图1-33

1.2.2 正反面的绘制

1.有趣的现象

使用SketchUp的用户有没有发现这样一个现象：无论使用"直线"工具 ✏ 还是"矩形"工具 ◆ 绘制平面，总是反面朝向相机。这并不符合逻辑，难道要让用户手动翻转面的方向吗？

其实不然，当使用"推拉"工具 ■ 将面拉出一个厚度时，无论是正面还是反面，推拉得到的模型总是正面朝向相机。其中的缘由不需要了解，只需记住不论正、反面，推拉得到的模型总是正面朝向相机的。

2.反转平面

用鼠标右键单击视图中的面，选择"反转平面"命令即可解决平面的正反问题，如图1-34所示。更快速的方法是给"反转平面"命令设置一个快捷键，以便进行快速翻面，而不需要使用鼠标。将"反转平面"命令的快捷键设置为N键，如图1-35所示。

图1-34 图1-35

1.2.3 正反面的校验

当拿到别人建好的模型准备渲染时，因为不了解建模人的建模习惯，所以在渲染之前需要检查模型的正反面情况，并对其进行校正。尤其注意处理那些已经赋予了材质的平面，单纯地反转平面无法反转材质，如果不使用第三方插件的话，就需要重新赋予一次材质。当模型中需要校正的平面过多时，一一去处理就会非常耗时，所以说养成良好的建模习惯可以省去很多时间，利人利己。

1.检查正反面的方法

由于模型有的面已经被赋予了材质，所以看不出模型面的正反。

执行"视图>表面类型>单色显示"菜单命令即可忽略所有材质，只显示模型面的原始颜色和面的正反，如图1-36所示。执行"单色显示"上方的"贴图"命令即可恢复为贴图显示的状态。

或者在"风格"工具栏 中单击"材质贴图"按钮 ✎ ，也可恢复为贴图显示的状态。

执行"单色显示"命令前后的对比效果如图1-37所示。

2.正反面的校正方法

使用1.2.2小节中介绍的反转平面的方法将反面反转为正面时，不能将贴图反转，需要重新为平面赋予一次材质，如图1-38所示。当模型反面过多时，这种方法就会导致效率低下，需要使用第三方插件来解决这个问题。

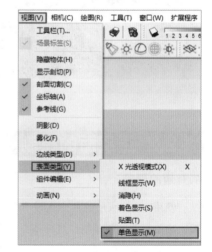

图1-36

可以使用插件"滑动翻面"（FrontFace）▦来解决反面过多、贴图反转的问题（读者可自行上网查找本书中提到的这些插件）。单击 ▦ 按钮，鼠标指针会变为 ↪ ，然后单击某一反面让其变为正面，即定义了一个动作。鼠标指针滑过的反面即可翻转为正面，这也解决了贴图反转的问题，如图1-39所示。类似的第三方插件还有很多，如wikki封面插件、S4 Material等。

尽管有多种办法可以解决反面朝向相机的问题，但是养成保持正面朝向相机的建模习惯还是相当重要的。

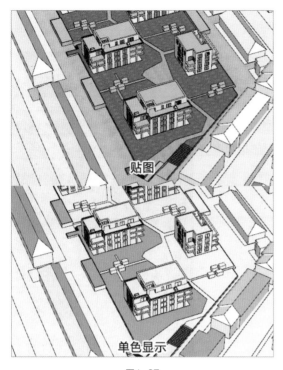

贴图

单色显示

图1-37

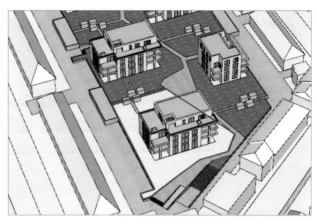

图1-38

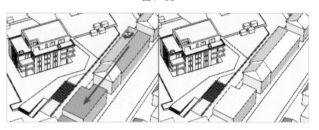

图1-39

1.3 模型清理

使用SketchUp的用户也许会遇到这种问题：明明模型面数不多，但模型的体积却很大。众所周知，SketchUp模型的体积越大，其打开的速度越慢、编辑的流畅度也会相应地打折扣。

发生这种情况的原因一般有两种：一是多余贴图过多；二是模型"不干净"。解决办法是清理多余贴图和模型中无用的废线。在建模过程中对模型适当地进行清理，也是一种良好的建模习惯。

1.3.1 材质清理

SketchUp不同于一般的建模软件，其材质贴图会保存在模型文件的内部，不需要专门创建用于存放材质贴图的文件夹。

SketchUp在"材料"面板中还提供了一些预设的贴图。大多数人会直接使用其中的一些贴图，不合适的话再重新选择一种贴上去，这样的重复操作会造成多余贴图的堆积。如果不清理，模型就会累计这些多余贴图的大小，增大模型体积。

执行"窗口>模型信息"菜单命令，打开"模型信息"对话框，切换到"统计信息"选项面板，单击"清除未使用项"按钮清理多余材质，如图1-40所示。

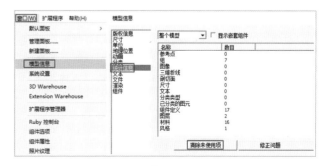

图1-40

1.3.2 清理插件

除了多余贴图的堆积能造成文件过大外，模型本身的一些问题也会造成文件过大，比如建模时忘记删除废线、可以清理掉的共面线等。

使用插件"tt_CleanUp"等清理插件可以针对整个模型进行废线清理、共面合并、材质合并、隐藏物体清理等操作。此插件安装前须先安装"TT_Lib.rbz"插件库，和普通插件的安装方法一致。该插件的界面如图1-41所示。

图1-41

1.4 善用SketchUp插件

SketchUp本身并不是万能的，在某些情况下，其很多功能满足不了复杂模型的创建需求，因此需要安装一些第三方插件来辅助操作。由于SketchUp在全世界范围内的广泛使用，越来越多功能趋于完善的插件被开发出来，以增强SketchUp在不同领域的功能，如材质贴图、地形处理、曲面造型、相机动画等。由于插件种类繁多，不可能全部安装，因此需要选择一些常用的、适合自己的插件。

下面介绍SketchUp中一些好用的插件。

1.4.1 贝兹曲线

贝兹曲线（Bezier Spline）插件可以以多种方式绘制贝兹曲线，它是目前功能最完善的曲线绘制工具，解决了SketchUp在曲线绘制方面功能较弱的问题。使用贝兹曲线工具，不仅可以绘制常规的曲线，还可以将曲线转换为不同的曲线类型，同时还能够对曲线进行炸开、断线焊接、均分段数等多种操作。插件界面如图1-42所示。

图1-42

1.4.2 太阳北极

太阳北极（Solar North）插件在SketchUp Pro 8之前一直是SketchUp的附带工具，之后官方取消了该工具，在SketchUp Pro 2013之后又将其放到了官方的插件库中。它可以显示太阳北极的方向，并可以输入0°~360°的北向方位角度数，精确地设置阴影角度，以此来改变阴影方向。用户也可以手动指定北极方向。插件界面如图1-43所示。

图1-43

1.4.3 联合推拉

联合推拉（Joint Push Pull）是Fredo6开发的著名插件，也叫超级推拉，可以直接在曲面上进行推拉操作，其可视编辑版可以让用户在对插件操作的时候即时看到操作对象的变化，更加直观。联合推拉插件的界面如图1-44所示。

图1-44

以上仅介绍了几种比较常用的插件，在实际项目中还会遇到更多更好用的插件。虽然SketchUp插件种类繁多，但是只有正确地选择适合自己的插件才能真正提高自己的工作效率，这也是良好的使用习惯。

第2章 VRay 基础知识介绍

第 1 章中介绍了关于 SketchUp 的良好使用习惯及一些相关的操作优化。本章将详细介绍 VFS 的核心部分——VRay，通过归档的方式从简介、用户界面、材质、灯光、渲染设置等方面逐层展开，通过渲染图像对比的方式说明属性、参数的意义，以便读者可以更直观、更清晰地掌握软件的基础，更利于之后的案例学习。

2.1 VRay for SketchUp简介

VRay是由Chaos Group公司开发的渲染软件，是目前最受业界欢迎的渲染引擎之一。基于VRay内核开发的有VRay for 3ds Max、VRay for SketchUp、VRay for Rhino等诸多版本。VRay for SketchUp（以下简称VFS）是基于VRay渲染器内核在SketchUp的基础上开发的版本，如图2-1所示。

图2-1

随着SketchUp在设计领域的应用日趋广泛，SketchUp在建筑可视化、渲染方面的需求也日益增多，各种渲染插件层出不穷，如VRay、Enscape、Maxwell、TheaRender等。其中VRay的用户量最多，成为SketchUp中最受欢迎的渲染引擎，其渲染效果如图2-2所示。

VFS版本众多，本书将以VFS 3.6版本为例进行讲解。

VFS有以下3个特征。

图2-2

1.便捷

VFS成功地沿袭了SketchUp的日照和贴图习惯，使得方案表现有了最大程度的延续性。VFS的参数较少、材质调节灵活、灯光简单而强大。特别是VFS 3.0以后的版本摒弃了冗余的参数，创造了全新的设计语言，使得用户界面更加友好、使用更加便捷、学习更加快速，如图2-3所示。

2.速度

VFS的渲染时间短，设计速度快。相较于前代版本，该版本解决了渲染帧缓存窗口响应时间长的问题，减少了渲染参数的调整数量，增加了降噪渲染元素；还增加了更多的智能化处理功能，使得创作的时间变多，等待的时间变少。使用VFS渲染时的效果如图2-4所示。

3.质量

VRay可以直接在SketchUp中创建高质量的渲染，并且具有渲染几乎任何东西的能力。从快速设计模型到最详细的3D场景，世界上众多知名建筑公司都在使用VRay进行渲染。只要掌握了正确的方法，就很容易做出照片级的效果图。图2-5和图2-6所示为VFS官方画廊作品。

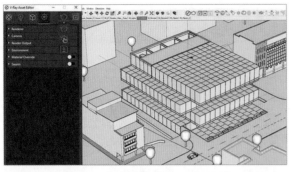

图2-3

图2-4

图2-5

图2-6

2.2 工具栏

　　相较于前代版本，VFS 3.6对工具栏进行了更加细致的划分，分为3个工具栏——主工具栏、灯光工具栏、物体工具栏，如图2-7所示。它们默认是浮动的工具栏，用户可以根据需要把它们停靠在SketchUp的用户界面上。

图2-7

2.2.1 主工具栏

　　主工具栏中包括资源管理器、渲染和帧缓存窗口（渲染窗口）的一些按钮，如图2-8所示。

图2-8

　　资源管理器： VFS 3.6将以往的材质编辑器、灯光编辑器、渲染设置等单独的面板整合到了一起，并且融入了新的物体管理器，形成了一个比较合理、明确的资源编辑系统。

　　渲染： 渲染本身不需要解释，VFS 3.6中使用了"犹他茶壶"图标作为"渲染"按钮图标。

　　互动式渲染： 当在场景中编辑对象、灯光和材质时能够实时查看渲染图像的更新，实现所谓的"所见即所得"，边修改边预览。

    视口渲染： 用于在SketchUp视图窗口中进行互动式渲染。

    视口区域渲染： 允许在SketchUp视图窗口中选择渲染区域，通过Shift键+按住鼠标左键框选可以加选渲染区域。

    帧缓存窗口： 即渲染窗口，简称VFB，可以预览渲染效果和导入的图片，也可以通过帧缓存窗口的一些功能对图像进行调整。VFS 3.6将前代版本中的一些功能转移到了帧缓存窗口中。

    批量渲染： 用于对多个场景进行批量渲染，其图标默认是灰色的，只有在模型添加多个场景并事先指定好渲染路径以后才能使用。

    锁定相机视角： 其图标默认是灰色的，只有在开启互动式渲染以后才能使用，不论如何旋转视图，渲染的相机视角都保持锁定状态。

技术专题

犹他茶壶

    犹他茶壶，或称纽维尔茶壶，是计算机图形学界广泛采用的标准参照物体。这个茶壶的模型是1975年由早期的计算机图形学研究者马丁·纽维尔（Martin Newell）制作的，他是犹他大学先锋图形项目小组的一员。

    原版的犹他茶壶实体如今正在美国加利福尼亚州芒廷维尤的计算机历史博物馆展出，如图2-9所示。

图2-9

2.2.2 灯光工具栏

    VRay灯光工具栏用于创建灯光，共罗列了8个按钮。其中包含7种灯光创建工具和一种灯光强度调整工具，按钮名依次为面光源、球形灯、聚光灯、IES灯、点光源、穹顶灯、网格灯和调整灯光强度，如图2-10所示。有关灯光工具的具体概念及用法详见本书"2.5 灯光系统"。

图2-10

2.2.3 物体工具栏

    VRay物体工具栏中主要包含一些渲染时的特殊物体按钮，依次为无限地面、导出代理、导入代理、毛发和网格剪切，如图2-11所示。

图2-11

    无限地面： 在渲染时为场景创建一个无边界的地面。

    导出代理： 当场景中有些模型的面数较多（如植物、人物模型）、数量庞大时，会降低软件的流畅度，这时可将这类模型导出为代理文件，从而将模型转化为面数较少的版本，且不影响渲染结果。

导入代理：可以在其他模型中调用导出的代理文件，从而减少素材的占用空间，避免出现卡顿和闪退的问题。

毛发：VFS内置的毛发插件程序，可以用来创建草坪和动物身上的毛。

网格剪切：可用于通过简单的平面来剪除场景的一部分，并只对渲染结果产生影响。

2.3 资源管理器

资源管理器的出现体现了软件改进用户界面的重要性。它是VFS 3.6中最主要的设置面板，包含材质、灯光、物体和渲染设置等几乎所有参数，对于整合VRay资源和管理VRay渲染参数起到了重要作用。

2.3.1 基础界面

资源管理器的基础界面主要分为4个标签页和两个按钮，依次为材质、光源、几何体、设置标签页，以及"渲染"按钮和"帧缓存窗口"按钮，如图2-12所示。其中"渲染"按钮和"帧缓存窗口"按钮的功能与主工具栏中的相应按钮完全相同。

单击"渲染"按钮下方的三角形按钮 ，可以展开隐藏的按钮，其中包括另外两种渲染相关的按钮："互动式渲染"和"导出VRay场景文件"，如图2-13所示。"互动式渲染"按钮的作用前面已经讲解过，下面介绍一下"导出VRay场景文件"按钮的作用。

导出VRay场景文件：可以将场景模型信息和VRay信息全部生成并导出为一个扩展名为".vrscene"的文件，然后将其导入另一个应用程序（含有VRay）中渲染，从而实现在不同3D软件之间切换VRay场景。

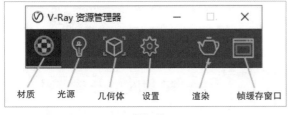

图2-12

图2-13

2.3.2 材质标签页

VFS 3.6打造了一套全新的材质编辑UI界面（即材质标签页），并且附加了一个强大的材质库，在提高便携度的同时也具有相当大的学习价值。材质标签页大体上可以分为以下4个区域：材质预览、材质列表、材质库、材质属性，如图2-14所示。其中"材质库"和"材质属性"区域需要分别单击向左的箭头 、向右的箭头 展开。

下面就上述4个区域介绍材质标签页的一些基本知识及用法。

图2-14

1."材质预览"区域

　　"材质预览"区域首先映入眼帘的是一个类似VRay图标的球形物体，此处即材质效果预览框。通过它可以观察相应材质的预览效果，从而进一步调整此材质的属性。预览框上方显示的是所预览材质的名称，用以区分相似材质，如图2-15所示。

　　用户可以单击█按钮切换材质预览方式。共有7种预览方式可供选择，依次为"Generic（常规）""Fabric（布料）""Floor（地面）""Ground（表面）""Subsurface Scattering（子面散射）""Wall（墙面）""Wall Closeup（墙面特写）"，如图2-16所示。除"Generic（常规）"之外的其余6种预览方式的效果对比如图2-17所示。具体使用何种预览方式视实际情况而定。

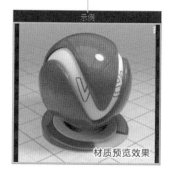

图2-15

图2-16

图2-17

2. "材质列表"区域

"材质列表"区域由"材质列表"和"快速设置"两个部分组成。

◆ 材质列表

"材质列表"的主要功能是查看场景中的所有材质。当场景中的材质过多时可以利用"搜索材质"搜索框快速找到相应的材质,并且可以通过鼠标右键单击材质名称展开快捷菜单,对材质进行复制、粘贴、删除等操作,如图2-18所示。

在"材质列表"区域底部有5个按钮,从左到右依次为新建材质、导入材质文件、保存材质文件、删除材质、清除未使用材质,如图2-19所示。

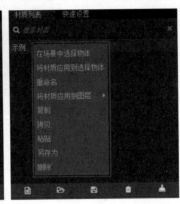

图2-18

图2-19

下面对这些按钮的功能进行简要介绍,具体功能介绍详见本书"2.4 材质系统"。

新建材质:在场景中创建一个新的材质。

导入材质文件:可以导入事先保存好的VRMAT格式的材质文件,直接调用已经调整好的材质。

保存材质文件:将调整好的材质保存为VRMAT格式的文件,以便以后直接调用。

删除材质:删除列表中的某一种材质。

清除未使用材质:可以智能地将没有赋予模型的材质清除掉,避免占用系统资源。

◆ 快速设置

"快速设置"主要用于对一些主要的材质属性进行快速设置。对多数简单材质来说,根本不需要展开材质标签页右侧的"材质属性"区域,直接在这里设置即可,如图2-20所示。

3. "材质库"区域

此区域主要分为"材质分类"和"材质库"两个标签页,可以拖曳标签页来自由改变用户界面,如图2-21所示。

"材质分类"标签页显示的是材质库中材质的分类,几乎涵盖了生活中常见的大多数材质类别。选择任何一种材质的分类,在"材质库"标签页中就可以预览到这个分类中具体的一些材质。

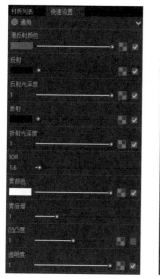

图2-20

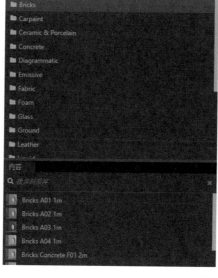

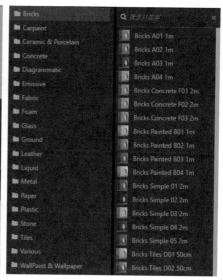

图2-21

用户可以通过"材质库"标签页下方的工具条调整材质的预览方式。拖曳左侧滑块可以调整材质预览效果的大小，单击▤按钮可将"材质库"内容改为列表模式显示，单击▦按钮可将其改为图框模式显示，如图2-22所示。

列表模式和图框模式对应的材质预览效果对比如图2-23所示。

4. "材质属性"区域

相较于"快速设置"，这里的材质属性显然要更为专业一些，材质参数也更加细致，如图2-24所示。

材质属性是可以分层的，单击右上方的加号按钮➕可以继续添加材质属性层，如图2-25所示。

拖曳滑块调整
材质预览大小

图2-22

图2-23

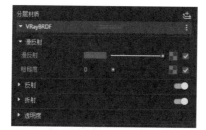

图2-24

图2-25

2.3.3 光源标签页

VFS 3.6的资源管理器整合了之前零碎单独的灯光参数面板，可统一管理场景中的所有灯光。光源标签页左侧为灯光列表，单击向右的箭头▶可展开灯光属性面板，如图2-26所示。

图2-26

单击灯光列表中灯光名称左侧的灯光图标使其变灰，即可关闭此灯光，如图2-27所示。

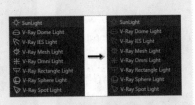

图2-27

2.3.4 几何体标签页

几何体标签页主要用来管理创建好的特殊物体，如毛发、无限地面、代理物体等。和光源标签页类似，几何体标签页左侧为列表，单击向右的箭头 ▶ 可展开物体属性面板，如图2-28所示。

同样地，也可以单击列表中物体名称左侧的图标使其变灰，以关闭此物体的应用。

图2-28

2.3.5 设置标签页

此标签页中提供了所有VRay渲染设置的参数控制，主界面共有6个卷展栏，依次为"渲染设置""相机设置""渲染输出""环境设置""材质覆盖""集群渲染"，如图2-29所示。

单击向右的箭头 ▶ 可以展开标签页以显示具有高级设置的多个卷展栏，依次为"光线跟踪"、"全局照明"、"焦散"、"空间环境"、"渲染元素"和"开关"，如图2-30所示。

图2-29

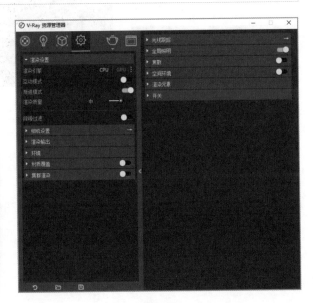

图2-30

此外，标签页主界面下方提供了3个按钮，从左往右依次为恢复默认渲染设置、加载渲染设置、保存渲染设置，如图2-31所示。

恢复默认渲染设置　加载渲染设置　保存渲染设置

图2-31

⟳ **恢复默认渲染设置：** 重置所有的VRay渲染设置及参数。

🗁 **加载渲染设置：** 加载事先保存好的VROPT格式的渲染设置及参数文件。

🖫 **保存渲染设置：** 将当前所有渲染设置及参数保存为一个VROPT格式的文件，以便随时加载。

2.4 材质系统

材质的重要性对效果图的制作来说毋庸置疑，相较于前代VFS版本，VFS 3.6将默认材质改为了"Generic（常规）"材质（BRDF材质），删除了材质细分选项，并加入了更多种类的材质（如混合材质、3S材质等），使得VFS的材质功能更趋于完善。

VFS 3.6提供了14种不同的材质类型（也称着色器），这些材质的通用性良好，从模拟简单的表面属性（如塑料和金属）到复杂的用途（如模拟半透明物体甚至发光物体），每种材质都可以通过多种方式应用。这些材质类型依次为通用、自发光、混合、凹凸、双面、车漆、随机碎片、次表面散射、头发、卡通、VR扫描材质、多维材质、覆盖、包裹，如图2-32所示。本书将会着重讲解几种较为常用的材质类型。

图2-32

2.4.1 术语介绍

首先介绍一些材质系统的术语，以便在后期学习过程中进一步理解。

1.材质

简单地说就是物体看起来是什么质地。材质可以看成材料和质感的结合，在VRay等渲染器中，它是表面可视属性的结合，这些可视属性是指表面的色彩、纹理、反射、折射、凹凸度。

> **技巧与提示**
>
> SketchUp中由于模型表面只具有色彩和纹理，没有反射、折射、凹凸度等质感属性，因此材质被翻译为"材料"是非常准确的。

2.贴图

它包括纹理，另一层含义是"映射"。其功能就是把纹理映射到3D物体表面。贴图包含了除纹理以外的其他很多类型，如光泽度贴图、凹凸贴图、法线贴图、高光贴图等。用户可以使用贴图的色值或其他信息控制材质的相关属性。

3.纹理

表示物体表面细节的一幅或几幅二维图形。其本质是一种贴图，故又叫作纹理贴图。它主要可以分为两种：一种是通过扫描、拍摄等途径制作的带有纹路的位图；另一种是通过计算机算法生成的贴图，如噪波贴图。

4.程序纹理

该纹理是通过计算机算法生成的贴图，为VRay的一部分程序纹理，如图2-33所示。可以生成随机化的贴图，如细胞纹理等；也可以给图像添加一个色彩校正效果，这就像内置了简易的Photoshop。

> **疑难问答**
>
> **材质、纹理、贴图这三者的区别是什么？**
>
> 材质是表面可视属性的组合，贴图是材质的一部分。贴图和纹理本质上都是图，纹理只是贴图中的一种。因此可以说：材质包含贴图，贴图包含纹理。

图2-33

2.4.2 基本操作

1.新建材质与赋予材质

◆ 新建材质

材质可以直接在SketchUp材料面板中新建，也可以在VRay材质编辑器中新建。具体使用哪一种方法请读者根据自身习惯选择，此处只介绍后者。

进入VRay资源管理器的材质标签页，单击最下方的"新建材质"按钮 🌑 ，然后选择"通用"材质（此处只介绍新建材质的方法），即可创建完成，如图2-34所示。创建完成后可以通过双击材质名称重命名该材质。

◆ 赋予材质

选中需要赋予材质的物体，用鼠标右键单击材质名称，选择"将材质应用到选择物体"命令即可完成材质的赋予，如图2-35所示。

2.替换材质库材质

◆ 选中物体

选中需要替换材质的物体，选择"油漆桶"工具 🖌 ，按住键盘上的Alt键单击物体表面以拾取物体材质，在材质列表中用鼠标右键单击材质名称，选择"在场景中选择物体"命令即可选中所有应用了此材质的物体，如图2-36所示。

◆ 替换材质

在材质库列表中找到所需的材质，将其拖曳到"材质列表"中，再执行上述赋予材质的操作将材质应用到所选物体上，如图2-37所示。需根据材质后缀单位修改贴图大小。

   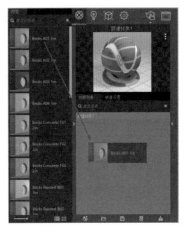

图2-34　　　　　　　　　图2-35　　　　　　　　　　　　　　图2-36　　　　　　　　　　　　　　图2-37

3.快捷操作

◆ 复制粘贴贴图

当想要将材质中的某一个贴图复制粘贴到其他地方时，可以执行复制粘贴贴图的快捷操作。用鼠标右键单击"纹理贴图"按钮■，选择"拷贝"命令即可复制完成，如图2-38所示。在需要粘贴贴图的位置用鼠标右键单击"纹理贴图"按钮■，选择"粘贴为复制"命令即可，如图2-39所示。

如果是在同一材质内部进行复制粘贴操作，可按住"纹理贴图"按钮■不放，将贴图拖曳到需要粘贴贴图■处快速复制粘贴贴图，如图2-40所示。

◆ 复制粘贴材质属性

该操作可以用来快速调整那些相似或同一类型的材质。用鼠标右键单击材质名称，选择"拷贝"命令，如图2-41所示。用鼠标右键单击需要粘贴属性的材质的名称，选择"粘贴"命令即可，如图2-42所示。

技巧与提示

同样的方法也适用于快速复制粘贴某一个属性的色块。

图2-38

图2-39

图2-40

图2-41

图2-42

技巧与提示

在复制材质属性的操作中，在右键菜单中一定要选择"拷贝"命令，不要选择"复制"命令。"复制"命令的作用是创建一个相同的材质，而不是复制材质的属性。

2.4.3 通用材质

1.概述

通用材质是一种特殊的材质，也叫"VRayBRDF材质"。这种材质并不限制用户单独去创建某一类材质，是一种综合了漫反射、反射、折射、透明度等材质属性的综合材质。它允许用户在场景中更好地物理校正照明（能量分布），拥有更快的渲染速度和更方便的反射和折射参数。通用材质所涵盖的所有属性如图2-43所示。

图2-43

在VFS 3.6中，VRay将通用材质设定为默认材质，只要是在SketchUp材料面板中添加的材质都是通用材质。大部分物体的材质都可以使用通用材质制作。

2."漫反射"属性

首先介绍第一个属性漫反射（也称固有色）。"漫反射"属性的参数面板如图2-44所示。

图2-44

◆ 漫反射

用于指定材质的漫反射颜色和贴图，可以单击"纹理贴图"按钮 ■ 为漫反射添加位图或者其他程序纹理。"色块"按钮 ▬▬ 右侧的滑块 ▬▬●▬ 可用于调整颜色的明度。请注意，实际的漫反射颜色还取决于反射和折射的颜色。

◆ 粗糙度

用于模拟粗糙表面或被灰尘覆盖的表面（例如，皮肤或月球表面随着粗糙度的增加，看起来会更"平坦"），如图2-45所示。

也可以通过单击"纹理贴图"按钮 ■ 修改贴图的色值来控制粗糙度，但此时数值就失去了意义。如果该贴图是彩色的，系统会自动去除颜色信息使用灰度信息计算。

粗糙度 0　　粗糙度 0.3　　粗糙度 0.6

图2-45

> **技巧与提示**
>
> 具有加载贴图能力的所有材质属性都可使用贴图的灰度信息控制相关参数。

3."反射"属性

反射很容易理解，它和现实生活中的反射原理相同，其参数面板如图2-46所示。

◆ 反射颜色

用于指定反射的颜色，可以单击"纹理贴图"按钮■为其添加位图或者其他程序纹理。在VRay中，常常以RGB色阶来代表物体反射的强弱，表达方式有0~1.0或0~256，如图2-47所示（为了说明问题，该图为禁用"菲涅耳"选项的效果）。

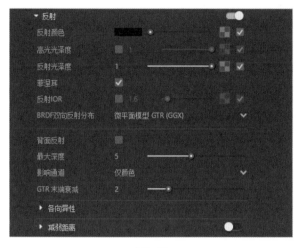

图2-46

图2-47

◆ 高光光泽度

用来控制物体表面的高光效果，默认是不启用的，由下方"反射光泽度"代为调整。从物理角度出发，"高光光泽度"和"反射光泽度"的值应该保持一致，所以推荐将此参数锁定。

◆ 反射光泽度

用于指定反射的清晰度，取值范围是0~1，值为1时代表没有反射模糊，值越小物体表面越模糊，效果对比如图2-48所示。同时也可以使用一些反射光泽度贴图来更真实地控制材质表面的效果。

◆ 菲涅耳

默认是勾选的，反射强度取决于物体表面的视角。当视线垂直于物体表面时，反射较弱；当视线未垂直于物体表面时，夹角越小，反射越强，如图2-49所示。

自然界中任何物体都具有菲涅耳反射，所以推荐保持默认状态。请注意，菲涅耳效应也取决于折射率。

图2-48

图2-49

◆ **反射 IOR**

默认是禁用的，由下方"折射IOR"控制。启用后可单独调整反射IOR值；菲涅耳值越大，反射越强，关闭"菲涅耳"选项则会变为镜面反射，如图2-50所示。默认的反射IOR值为1.6，适用于模拟一些玻璃和塑料的反射。

◆ **BRDF 双向反射分布**

主要用于确定BRDF的类型，突出显示的形状，其下拉列表中共有4种类型：平滑、布林、沃德和GGX，如图2-51所示。各类型的具体含义不用深究，只需要知道默认的GGX模式的效果最佳，一般保持默认即可。

图2-50

图2-51

技巧与提示

常用物体的IOR值：水为1.33，塑料为1.4~2.4，玻璃为1.5~1.8，钻石为2.4，金属一般需要大于10。

◆ **背面反射**

禁用时，仅计算对象正面的反射。启用后，还将计算背面反射。

◆ **最大深度**

用于指定光线可以反射的最大次数。举一个例子，两面镜子相对，在现实世界中光应该是无限次被反射的，如果将其应用到渲染中，计算机就会无休止地计算下去，此值就是用来限制反射次数的。 最大深度值默认为5，推荐保持默认设置。图2-52所示为不同最大深度值的对比。

◆ **影响通道**

用于指定哪些通道将受材质反射率的影响。图2-53所示为"影响通道"下拉列表中的选项。

仅彩色通道： 材质的反射仅影响最终渲染的RGB通道。

颜色+Alpha通道： Alpha通道即透明通道，选择该选项后，材质的反射率除了会影响RGB通道外，还会影响Alpha通道。

所有的通道： 材质的反射将影响所有通道和渲染元素。

图2-52

图2-53

技术专题

Alpha通道

Alpha通道是指一张图片的透明和半透明度，它使用灰度信息来记录图像中的透明度信息，其中白表示不透明，黑表示透明，灰表示半透明。

◆ GTR 跟踪衰减

仅在BRDF的类型设置为GGX时激活。它允许通过控制锐利镜面反射高光消失的速率来微调镜面反射。一般来说用不到。

余下的两个选项"各向异性"和"减弱距离"应用较少，在此不再详细讲解。

4."折射"属性

折射是控制光的穿透的属性，可以对物体的透明度产生影响。"折射"属性的参数面板如图2-54所示。

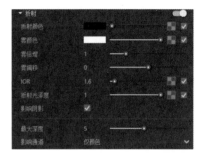

◆ 折射颜色

用于指定折射颜色，可以单击"纹理贴图"按钮 ▧ 为其添加位图或者其他程序纹理。此处同样也以RGB色阶来代表物体折射的程度；值越大，透明度越高，如图2-55所示。

◆ 雾颜色

图2-54

可以简单理解为给玻璃添加颜色，常用于模拟有色玻璃、有色透明液体等。添加雾颜色的效果如图2-56所示，物体较厚的区域颜色较暗。

图2-55

图2-56

◆ 雾倍增

用于调整雾颜色的浓度，让材料更透明或更不透明，如图2-57所示。

◆ 雾偏移

改变雾颜色的应用方式。负值使得物体较薄的部分更加透明，较厚的部分更不透明；正值使较薄的部分更不透明，较厚的部分更透明。

◆ IOR

用于指定材质的折射率，描述光在穿过材料表面时的弯曲方式。当IOR的值偏离1时，光的弯曲程度会更强，值为1时表示光线不会改变方向，如图2-58所示。

图2-57

图2-58

◆ 折射光泽度

可以理解为在玻璃表面加上一层磨砂效果，常用于制作磨砂玻璃。值为1时可产生完美的玻璃状折射；较小的值会产生较模糊的折射，渲染速度较慢，如图2-59所示。

◆ 影响阴影

启用后，材质将投射透明阴影，具体效果取决于折射颜色和雾颜色，如图2-60所示。

图2-59

图2-60

◆ 最大深度

用于指定光线可以折射的次数。具有大量折射和反射表面的场景可能需要更大的值才能看起来正确，推荐保持默认值5。玻璃瓶本身是有厚度的，如果光线折射次数过少，那么玻璃瓶就会显得没有厚度，如图2-61所示。

◆ 影响通道

用于指定哪些通道将受到材质折射率、透明度的影响。

仅颜色：材质的透明度将仅影响最终渲染的RGB通道。

颜色+Alpha：材质的折射率、透明度除了会影响RGB通道外，还会影响Alpha通道，常用于室内效果图后期处理中外景图片的替换。

所有通道：材质的透明度将影响所有通道和渲染元素。

5. "透明度"属性

"透明度"属性用来控制材质的透明度，其参数面板如图2-62所示。

图2-61

图2-62

技巧与提示

此处的透明度和折射中的透明度并不是一个概念。前者是物体本身的透明度，光线不会发生偏折；后者控制的是光的穿透的透明度，会发生一定的光线偏移。二者就像薄纱和玻璃的区别。

◆ **透明度**

用于指定材质的不透明度或透明度，可以为此通道指定纹理贴图。

◆ **模式**

用于控制透明度贴图的工作方式，其下拉列表中有"正常""削减""随机"3种模式，默认为"随机"模式，如图2-63所示。推荐保持默认模式"随机"。

正常：过滤透明纹理，让渲染图像的边缘更平滑，但渲染速度慢。

削减：强制透明纹理为黑色或白色，渲染速度快，效果清晰，但可能会增加动画中的闪烁。

随机：是上述两种模式的综合，既有过滤透明纹理的平滑性，又大大缩短了渲染时间。

以上3种模式的对比效果如图2-64所示。

图2-63

图2-64

◆ **定义贴图的透明通道**

启用后，VRay将使用带有AIpha通道的图像（如PNG、TGA、TIF等格式的图像）控制材质的透明度。共有"漫反射纹理阿尔法贴图"和"不透明纹理阿尔法贴图"两种模式，如图2-65所示。推荐保持默认设置。

漫反射纹理阿尔法贴图：使用漫反射纹理透明通道控制不透明度。开启此模式后，可以直接在漫反射层加载PNG透明格式的贴图（如镂空板、面片树），如图2-66所示。这种模式与VFS 2.0之前版本中的透明度属性相同。

图2-65

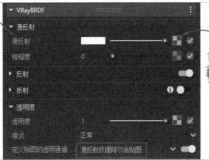
图2-66

不透明纹理阿尔法贴图：使用不透明纹理透明通道控制不透明度，其作用方式如图2-67所示。

6. "高级选项"属性

"高级选项"属性是对上述材质属性选项的补充，其参数面板如图2-68所示。

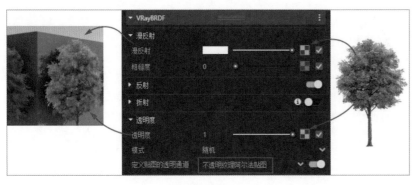

图2-67　　　　　　　　　　　　　　　　　　　　图2-68

◆ **双面**

启用后，VRay会翻转使用这种材质的物体背面的法线方向，让反面实现正确的渲染。该选项可用于为纸张等薄物体实现假半透明效果。

◆ **使用发光贴图**

启用时，使用此材质的物体的渲染都将采用发光贴图的间接照明引擎；禁用后将使用蛮力强算（brute force）的引擎。具体含义待渲染参数章节中解释。

◆ **雾的单位缩放**

启用后，雾颜色倍增取决于当前系统单位。

◆ **线性工作流程**

启用后，VRay将调整采样和曝光，以使用Gamma 1.0曲线。推荐保持默认禁用状态。

余下的两个选项"终止阈值"和"能量保存"一般都保持默认设置，此处不详细讲解。

7."倍增"属性

"倍增"属性主要用于指定材质中各类属性的控制方式，其参数面板如图2-69所示。

模式： 指定是使用"倍增"参数还是"混合量"参数来控制其他参数的强度。其下拉列表中共有"倍增"和"混合量"两种模式，如图2-70所示，一般保持默认设置即可。选择"倍增"模式后，对于适用的参数，强度将通过"倍增"参数控制；选择"混合量"模式后，对于适用的参数，强度将通过"混合量"参数控制。

8.材质选项

材质选项用于对整个材质进行一些设置，其参数面板如图2-71所示。

◆ **允许覆盖**

默认是启用的，当在渲染设置中开启"材质覆盖"时将覆盖该材质，反之则不覆盖。

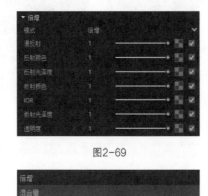

图2-69

图2-70　　　　　　　　　　　图2-71

◆ **透明通道影响度**

用于确定渲染图像的Alpha通道的颜色，其下拉列表中有"正常
（1）""忽略透明通道（0）""黑色透明通道（-1）"3种方式，
如图2-72所示。推荐保持默认的"正常（1）"。

图2-72

正常（1）： 表示Alpha通道将从材质的透明度产生。

忽略透明通道（0）： 表示对象不会出现在Alpha通道中。

黑色透明通道（-1）： 表示材质的透明度将从后面的对象的Alpha通道中删除。

◆ **ID 颜色**

用于指定此材质在"材质ID"元素中的颜色。

9.贴图

这里的贴图主要用于给材质添加凹凸或置换效果，分为3个类
别——"凹凸/法线贴图""置换""环境覆盖"，如图2-73所示。

图2-73

◆ **凹凸 / 法线贴图**

首先需要知道凹凸贴图和法线贴图的原理及作用。

凹凸贴图： 就是可以产生凹凸感的贴图。它通过读取图像的灰度信息来描述目标表面的凹凸，但只是一种
光影上的假凹凸效果，不会产生物理上的起伏效果，效果往往会很平。通常来说，黑色会往下凹，白色会往
上凸。

法线贴图： 它不需要读取图像的灰度信息，而将表面的法线方向作为向量存储在法线图中。对视觉效果而
言，它的效率比凹凸贴图更高，可以让细节程度较低的表面生成高细节程度的精确光照方向和反射效果。

图2-74所示为凹凸贴图和法线贴图的对比。

凹凸/法线贴图从本质上来说都是模拟材质表面凹凸效果的贴图，因而VFS中将它们的参数合二为一，参数面板如图2-75所示。单击  按钮可以启用或禁用凹凸/法线贴图效果。

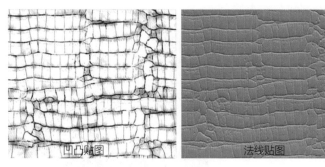

图2-74

图2-75

模式/贴图：用于指定贴图的模式，其下拉列表中有"凹凸贴图""本地空间凹凸""法线贴图"3种模式，如图2-76所示。一般常用"凹凸贴图"和"法线贴图"两种模式。

数量：凹凸/法线贴图效果的倍增值。

法线贴图模式：用于指定法线贴图的类型，只有当"模式/贴图"为"法线贴图"时才能启用。其下拉列表中有"切线空间""对象空间""屏幕空间""世界空间"4种模式，如图2-77所示。各模式的具体含义不需要十分清楚，这里一般保持默认的"切线空间"模式。

增量规模：减小参数值以锐化凹凸，增加凸起以获得更多模糊效果。

◆ **置换**

凹凸只是让模型表面看起来有高低起伏，但模型本身没有产生变化。置换则是把图片的凹凸应用到模型上，让模型本身产生高低起伏，效果很好但渲染缓慢。凹凸和置换的效果对比如图2-78所示。

置换参数面板如图2-79所示，相较于凹凸效果的参数面板，此面板参数显得更为复杂。单击  按钮可以启用或禁用置换效果。

图2-76

图2-77

图2-78

图2-79

模式/贴图： 指定渲染位移的模式。其下拉列表中有"法线置换""2D 置换"两种模式，如图2-80所示。

图2-80

• 法线置换：采用原始曲面几何体并将其三角形细分为较小的子三角形，然后将其移位。

• 2D置换：基于高级已知的纹理贴图的位移。此方法的优点是可以保留置换贴图中的所有细节。但是，它要求对象具有有效的纹理坐标，该参数可以采用任何值。

数量： 置换效果的倍增值。值为0时表示对象显示不变；值越大，就会产生越强的置换效果；此参数采用负值时，置换会向内推动。

位移： 指定一个常量，该常量会被添加到置换贴图值中，从而有效地沿着法线向上和向下移动位移曲面，可以是正值，也可以是负值。

余下参数一般只需保持默认即可。

◆ **环境覆盖**

允许覆盖当前材质在"环境设置"中的背景、反射和折射贴图。这个功能用的不多，只需大致了解一下，其参数面板如图2-81所示。

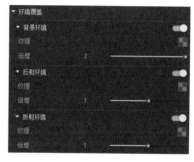

图2-81

背景环境： 启用或禁用背景环境。

• 纹理：指定要用作覆盖背景贴图的纹理。

• 倍增：指定覆盖背景贴图的强度。

反射环境： 启用或禁用反射环境。

• 纹理：指定要用作覆盖反射贴图的纹理。

• 倍增：指定覆盖反射贴图的强度。

折射环境： 启用或禁用折射环境。

• 纹理：指定要用作覆盖折射贴图的纹理。

• 倍增：指定覆盖折射贴图的强度。

10.辅助项

辅助项用于启用VRay与相应基础应用程序材质之间的连接与绑定，默认是开启的，推荐保持默认设置。其参数面板如图2-82所示。

图2-82

颜色： 启用颜色绑定，更改VRay材质颜色会更改相应的基础应用材质颜色。

纹理： 启用纹理绑定，更改VRay材质纹理会更改相应的基础应用材质纹理。

透明度： 启用透明度绑定，更改VRay材质透明度会更改相应的基础应用材质的不透明度或透明度。

2.4.4 常用材质调整

VFS 3.6给用户提供了一个强大而全面的材质库，不仅可以直接套用，还可以从其中一些材质得到启发，如金属、布料、水等材质。本小节就以几种常见的材质为例，讲解如何应用通用材质及其他材质调整物体的材质。

1.金属

金属是一种具有强反射的物质，即具有金属光泽。从渲染的角度来说，具有金属光泽的材质都可以被看作金属材质。

◆ 金属的基本调法如下

01 将漫反射颜色（固有色）改为黑色，如图2-83所示。由于具有强烈的反射，金属的固有色是不显著的，漫反射颜色对于金属材质的影响较弱，所以此处改为黑色，并且其强烈的反射属性也决定了金属的颜色由反射颜色控制。

02 金属材质的颜色由反射颜色控制，用户可根据需求自由调整。此处以金色为例，如图2-84所示将反射颜色改为橙黄色，勾选"反射IOR"选项，将数值改为20。如果需要添加一些划痕、磨砂效果，可参考材质库中的一些金属材质。

材质预览效果如图2-85所示。

总结：漫反射颜色为黑色，反射颜色控制金属颜色，反射IOR值≥20。

图2-83

图2-84

图2-85

2.玻璃

在调整材质之前，需要注意一件事，玻璃一定要具有厚度。这一点是毋庸置疑的，在物理世界中，没有物体是绝对没有厚度的。

由于玻璃具有一定的厚度，光线在经过玻璃表面的两次折射后，偏折方向很小，因此不会产生很明显的折射效果，如图2-86所示。如果玻璃是单面的，那么光线只会偏折一次，偏折角会较大。

如果玻璃是单面的，当使用雾颜色修改颜色时，无论颜色多浅、倍增值多低，渲染出来的颜色总是很深。但单面玻璃也并不是毫无用武之地，一些远处的玻璃幕墙等也许会用得上。

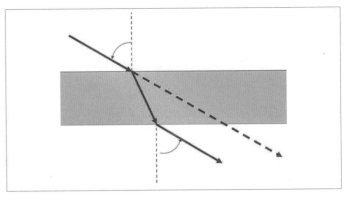

图2-86

◆ 玻璃的基本调法如下

01 将漫反射颜色改为黑色，如图2-87所示。由于玻璃是透明的，并且由雾颜色控制其颜色，所以这里将漫反射颜色改为黑色。

02 将反射颜色改为白色，如图2-88所示。

03 将折射颜色改为白色，再稍微添加一点雾颜色，其颜色不需要太深，如图2-89所示。玻璃厚度越厚，雾颜色越深。

04 在国外的一些效果图中，往往会给玻璃材质加上噪波的效果，因为这样会显得更加真实，如图2-90所示。此处只在大家一个参考意见，这种效果可以通过在凹凸中添加噪波贴图实现。

图2-87

图2-88

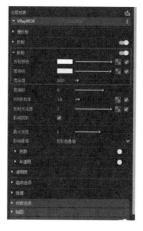

图2-89

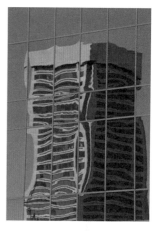

图2-90

上述效果的实现步骤：单击"凹凸/法线贴图"下的"纹理贴图"按钮 ■ ，在左侧纹理贴图列表中找到"3D Textures > 噪波A"；将频率改为0.02，值越小，噪波范围越大，再启用"使用3D贴图"，如图2-91和图2-92所示。

材质预览效果如图2-93所示。

总结：玻璃要有厚度、雾颜色不要过深。

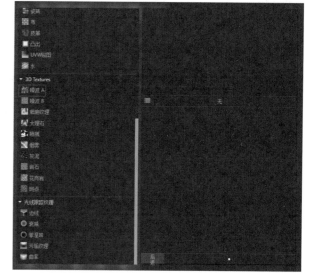

图2-91

技巧与提示

1.上述调法不仅适用于玻璃，还适用于其他透明结晶体，只是IOR（折射率）值不同。

2.给反射、折射添加一张玻璃污垢贴图，效果会更佳。

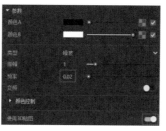

图2-92

图2-93

3.添加倒角

使用SketchUp创建的模型往往会有这样一个问题：一些有棱角的地方渲染出来以后会有些呆板，不够真实。在物理世界中，任何物体都具有倒角，即便是锋利的刀刃也如此。通常在SketchUp中会使用插件制作倒角，但是这样会对模型进行修改。

VFS 3.6提供了一种便捷操作，只需在凹凸中添加一个"边线"程序纹理，修改边线宽度就可以控制倒角程度。

◆ 操作如下

01 单击"凹凸/法线贴图"下的"纹理贴图"按钮█，在左侧纹理贴图列表中找到"光线跟踪纹理 > 边线"，如图2-94所示。

02 调整"边线"纹理。只需修改"宽度（场景单位）"就可以控制倒角的大小，该值由需要添加倒角的物体的大小决定，如图2-95所示。

材质效果如图2-96所示。有倒角的材质看起来更加真实。

图2-94

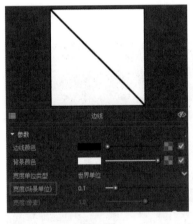

图2-95

无边线纹理　　　　　　有边线纹理

图2-96

4.木材

此处以材质库中"Wood & Laminate"下的"Flooring_Laminate_B_Wide_250cm"材质为例，讲解制作木板材质的方法，如图2-97所示。

◆ 漫反射

单击漫反射的"纹理贴图"按钮█，可以发现此处使用了一张木地板的位图作为漫反射贴图。

◆ 反射

在"反射颜色"中使用了一张灰度反射贴图，颜色越黑的位置反射强度越弱，反之则越强，如图2-98和图2-99所示。一旦添加了贴图控制，"反射颜色"选项就将失去意义。

图2-97

此材质在"反射光泽度"中使用了一个"色彩校正"程序纹理来提高图像的对比度（默认为1），使反射模糊整体变强。单击"颜色/输入"的"纹理贴图"按钮，即可看到贴图原貌，如图2-100所示。

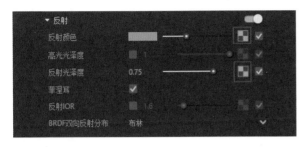

图2-98

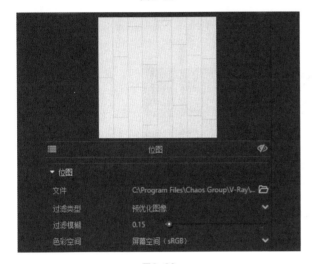

图2-99

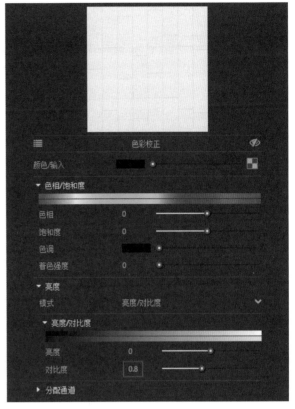

图2-100

◆ 凹凸

此材质在凹凸效果中添加了一张凹凸贴图，凹凸数量控制得比较少，用户可根据自己的需求调整凹凸数量，如图2-101和图2-102所示。

图2-101

5.凹凸材质

基于上述"添加倒角"和"木材"的内容，也许有人会有这样的疑惑：如何制作既有倒角又具有表面凹凸效果的木材？使用常规思路是不行的，通用材质中只能添加一个凹凸效果。

考虑到这种情况，VRay提供了一种单独的凹凸材质，只需将该凹凸

图2-102

材质应用于对象即可为其添加其他的凹凸或法线贴图功能。这样可以轻松地将多个凹凸和/或法线贴图组合在一起，从而创建出更复杂的表面材质。

◆ **操作如下**

01 单击 🎨 按钮创建一个"凹凸"材质。使用替换材质的方法将此凹凸材质赋予物体，这一步操作是必需的，如图2-103所示。

02 凹凸材质的属性与通用材质中的"凹凸"属性几乎完全相同，将"基础材质"设置为原有的木板材质，如图2-104所示。凹凸材质是一种嵌套材质，需要嵌套列表中的其他材质以达成想要的效果。最后单击"纹理贴图"按钮 🎨，给物体添加额外的凹凸效果。

图2-103

图2-104

6.布料（衰减贴图）

此处以材质库中"Fabric"下的"Fabric_A01_20cm"材质为例，讲解如何创建属于自己的布料材质，如图2-105所示。

抛开所有的参数，此类材质普遍存在着一种现象：越靠近边缘颜色就越白，具有丝绒和"毛茸茸"的质感，如图2-106所示。

可以在漫反射中使用"衰减"纹理来模拟这种效果。"衰减"纹理本质上是一种渐变，即从物体的正面到侧面产生一种颜色或纹理上的渐变。只需让侧面比正面的颜色更浅，就能模拟出布料"毛茸茸"的质感。

此布料材质使用了具有漫反射和凹凸纹理的通用材质，但并没有直接在漫反射层中添加"衰减"纹理，而是在此基础上添加了一个单独的漫反射层来模拟"毛茸茸"的质感。使用这种思路可以省去调节布料贴图的麻烦，从而更加灵活地更换布料贴图，如图2-107所示。

通用材质的漫反射层： 此处只是添加了一张棕色的布料贴图，可以自行更换布料的颜色和纹理贴图。

凹凸： 此处使用了一张黑白的凹凸贴图，凹凸数量为0.1，使得材质表面具有轻微的凹凸质感。

单独的漫反射层： 主要作用是模拟出"毛茸茸"的质感。

原理如图2-108所示，此处的漫反射颜色为灰白色，在"透明度"中添加"衰减"纹理控制透明度。"衰减"纹理的正面颜色为白色，侧面颜色为黑色，从而让物体只在接近边缘时才显示漫反射颜色（灰白色），如图2-109所示。当此漫反射层叠加到通用材质上时就能模拟出"毛茸茸"的质感。

图2-105

图2-108

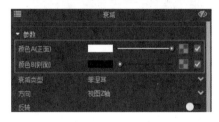

图2-106

图2-107

图2-109

技巧与提示

　　在渲染工作中，可以直接套用材质库中的布料材质，再根据实际需要替换布料贴图，从而创建出属于自己的布料材质。

7.灯罩（双面材质）

　　此处以半透明灯罩材质为例，介绍另外一种材质类型——双面材质，如图2-110所示。该材质允许在物体的背面看到光，多使用此材质模拟薄的半透明表面，如纸张、布帘、树叶、灯罩等。

　　首先新建一个名为"灯罩"的通用材质，设置其漫反射颜色为暗黄色，如图2-111所示。此材质将作为"双面材质"的"正面材质"。

　　单击 🌀 按钮新建一个双面材质，将材质命名为"灯罩-双面"，将此双面材质通过替换材质的操作赋予灯罩，如图2-112所示。

图2-110

图2-111

图2-112

将双面材质的"正面材质"指定为刚才创建的"灯罩"材质，"背面材质"则保持为"None"不变，如图2-113所示。

可以通过调整"半透明"来确定"正面材质"或"背面材质"哪个更明显。默认情况下，半透明的颜色为黑色，意味着只有正面可见。当将其设置为更接近白色时，将看到更多的背面材质。由于背面为空，所以这里的颜色越接近白色，材质就越趋于半透明。

最终材质效果如图2-114所示（灯罩内部放置了一盏"球形灯"）。

最终模型文件为"灯罩材质.skp"。

图2-113

图2-114

疑难问答

能否使用通用材质中的"透明度"选项调整灯罩的透明度来达到同样的效果？

答案是不能。虽然看似都是半透明效果，但是调整"透明度"选项无法达到从背面透光的效果，只达到了颜色层面上的透明。图2-115所示的是"透明度"为0.9时的渲染结果，与上述使用"双面材质"实现的效果相去甚远。

图2-115

8.水

在2.4.4节"2.玻璃"中提到了带有噪波的玻璃材质，同样的道理也适用于水（液体）材质，即在"凹凸/法线贴图"中添加一张纹理贴图实现水面（液体表面）的波纹。此处介绍3种用于模拟水波效果的纹理。

◆ **噪波纹理**

此处以材质库中"Liquid"下的"Water"材质为例，此材质在"凹凸/法线贴图"中添加了一张"噪波"纹理，通过噪波的类型、振幅、频率对水面（液体表面）的波纹类型、高度、密度进行控制，需要根据实际调整，如图2-116所示。如果渲染发现波纹过密，可以将"频率"调小一些。

◆ **位图**

可在"凹凸/法线贴图"中直接使用一张水波纹的位图来实现水面的波纹。以材质库中"Liquid"下的"Waves_A_01_200cm"材质为例，该材质使用的是如图2-117所示的一张凹凸纹理贴图，并且在材质名称中提醒了用户正确的贴图尺寸为200cm×200cm。

◆ **水纹理**

单击"凹凸/法线贴图"的"纹理贴图"按钮■，展开"2D纹理"卷展栏，单击"水"即可添加水纹理，如图2-118所示。图2-119所示为水纹理的参数面板。

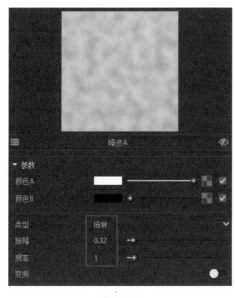

图2-116

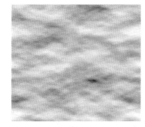

图2-117

图2-118

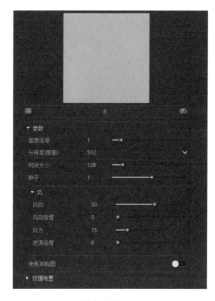

图2-119

高度倍增： 指定水波的高度。

分辨率（像素）： 指定生成的贴图中的细节数量，保持默认即可。

斑块大小： 调整水波密度。

种子： 不同的值产生不同的水波样式，从-10到10共21种样式。

风向： 指定风向，从而指定波浪的方向。

风向倍增： 指定风向重要性的倍增值，较小的值将在波的方向上产生更多的变化。

风力： 指定创建波浪的风的强度，值越大，产生的波浪越大。

波涛倍增： 指定波浪波动的倍增值，较大的值将产生较清晰的波浪。

9.自发光

自发光的本质就是让材质发光，常用于制作灯丝、外景贴图。自发光材质可通过两种方式创建：新建自发光材质或添加自发光属性层。二者的参数面板的主要功能完全相同。

◆ 创建

在通用材质的基础上单击"添加"按钮，即可添加一个自发光层，如图2-120所示。

◆ 参数面板

图2-121所示为自发光的参数面板，其参数都相对简单，很容易理解。

颜色： 指定灯光的颜色，也可以指定发光的纹理贴图。

强度： 顾名思义，控制发光的强度。

透明度： 指定透明的颜色，也可以指定纹理。

背面发光： 顾名思义，启用后，对象也会从背面发光，反之则呈现黑色。

补偿曝光： 启用后，将调整材质的强度以补偿相机曝光。

颜色×不透明度： 启用后，透明度选项才具有意义。

图2-120

图2-121

> **技巧与提示**
>
> 切不可将自发光材质作为主要光源使用。

10.3S材质

3S材质就是"次表面散射"材质的简称（英文名称为Subsurface Scattering），是指光线因物体内部的色散而呈现的半透明效果，主要用于渲染半透明材料（如皮肤、蜡烛、大理石等）。

3S材质的参数面板如图2-122所示，虽然其中的参数很复杂，但一般只需要掌握其中几个重要参数即可。

折射指数： 即折射率，用来控制材质表面的反射率和折射率。此参数值越大，材质越具有金属光泽，如图2-123所示。

次表面颜色： 可以将其看作表面的材质颜色。图2-124所示为不同次表面颜色的效果（"散射颜色"保持默认设置）。

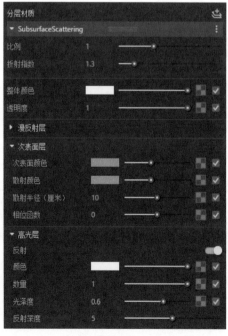

图2-122

图2-123

图2-124

散射颜色: 用于指定材质内部的散射颜色。越鲜艳的颜色会使材料散射越多光线并显得越通透。图2-125所示为不同散射颜色的对比("次表面颜色"保持默认设置)。

散射半径(厘米): 控制物体散射光的传播半径,此参数值越大,物体会显得越透明,如图2-126所示。

相位函数: 此参数值的范围在-1.0到1.0之间,主要用于控制光线散射的方式,值越小,物体越透明,如图2-127所示。

光泽度("高光层"): 和通用材质中的"反射光泽度"效果相同。值为1时产生锐利的反射,较小的值产生较模糊的反射和高光,显得物体表面较为柔软,类似蜡的材质,如图2-128所示。

图2-125　　　　　　　　　　　　　　　图2-126

图2-127　　　　　　　　　　　　　　　图2-128

2.5 灯光系统

VRay的出现给SketchUp的世界带来了"光明",尽管SketchUp本身有一套所谓的光照系统,但其只能虚拟地模拟光影。VFS 3.6改进了旧版本的一些功能性的缺点,有了专门的灯光管理列表,再也不用一盏灯一盏灯地找位置,而是可以集体控制。灯光默认是联动组件,实现了异形灯的可能。

本节将介绍VRay的几种灯光类型的用法、含义、技巧,以及常见的布光方法。

2.5.1 VRay天光系统

1.概述

VRay天光系统可分为VRay太阳光和VRay天空光。VFS默认为用户创建好了这套系统,不需要用户单独创建。其中VRay太阳光负责控制太阳的照明和阴影;VRay天空光既可以创造真实的天空贴图,也可以给模型提供来自大气散射的天空光,二者缺一不可、相辅相成,如图2-129所示。

如果没有天空光,太阳光照射产生的阴影将会变为一片漆黑,就像失去了大气层保护的地球,类似月球的效果;反之,如果没有太阳光,画面看起来就像是太阳被云彩遮住的效果,如图2-130所示。

其中VRay太阳光可直接在灯光参数面板中调整,VRay天空光则由设置标签页下"环境设置"中"背景"的天空贴图控制,并且和VRay太阳光链接。不论调整前者还是后者的参数,二者的参数都会同步。VRay天空光和VRay太阳光的参数是链接的,如图2-131所示。

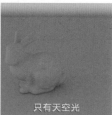

图2-129　　　　　　　　　图2-130

VRay的天光系统和SketchUp的光照系统是同步的,只要调整SketchUp阴影工具栏中的时间即可改变天空的颜色和太阳光的光照。上午天空颜色偏蓝,太阳光较为明亮;下午天空颜色则偏橙黄,太阳光较为昏暗,如图2-132所示。

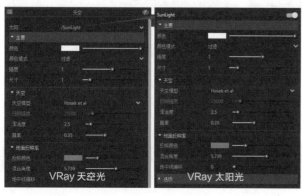

图2-131　　　　　　　　　图2-132

2.参数

虽然可以通过调整阴影工具栏中的时间和日期得到各个时段的天空效果,但是默认的效果通常达不到渲染的要求,所以还需要掌握影响天空效果的其他参数,以便进一步调整天空效果。一般选择直接修改太阳光的参数,这样比较方便。打开资源编辑器的灯光标签页,太阳光参数面板如图2-133所示。单击▇▇▇按钮可关闭或开启太阳光。

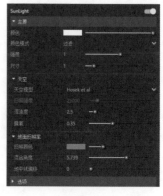

图2-133

◆ **"主要"卷展栏**

颜色： 改变太阳光的颜色，如图2-134所示。也可以直接在灯光列表右侧的颜色块处修改颜色，效果如图2-135所示。

颜色模式： 设置过滤颜色影响太阳光颜色的方式，其下拉列表中共有"过滤""直接""覆盖"3种模式，具体颜色模式的含义不必细致了解。如果需要将太阳光调节得不那么黄，可以把颜色模式改为"覆盖"。图2-136所示为3种模式的对比。

图2-134

图2-135   图2-136

强度： 调节太阳光的亮度。也可以直接在灯光名称右侧输入强度值，如图2-137所示。推荐使用曝光控制亮度（见本书"2.6.2 相机设置"），不建议更改此参数。

尺寸： 控制可见太阳的大小，同时影响阴影效果。太阳的尺寸越大，阴影越柔和，反之阴影越锐利，如图2-138所示。

图2-137

天空模型： VRay给用户提供了4种天空模型，默认为Hosek et al（推荐使用）。

• Preetham et al：基于Preetham et al方法生成天空。

• CIE Clear：生成晴朗的天空。

• CIE Overcast：生成多云的天空。

• Hosek et al：基于Hosek et al方法生成天空。

4种天空模型的效果对比如图2-139所示。

图2-138   图2-139

日照强度： 当天空模型不是Hosek et al和Preetham et al时方可使用此参数，日照强度越大，天空亮度越强，反之天空亮度越弱。

浑浊度： 此选项影响太阳及天空的颜色。浑浊度越高，天空越偏黄；浑浊度越低；天空越偏蓝；晴天时该值一般为2，如图2-140所示。

臭氧： 这个参数可以影响阳光的颜色，取值范围为0~1，值越低阳光越黄，值越高阳光越蓝，如图2-141所示。

图2-140

图2-141

反照颜色： 设置太阳和天空系统的地面颜色，效果如图2-142所示。

混合角度： 指定在地平线和天空之间发生混合的程度（以度为单位）；接近0时，会产生清晰的水平线，如图2-143所示。

地平线偏移： 允许用户手动降低地平线的位置，效果如图2-144所示。

图2-142

图2-143

图2-144

◆ "选项"卷展栏

将"选项"卷展栏展开，如图2-145所示。

不可见： 勾选后可让太阳不可见，但太阳效果依然会存在，如图2-146所示。

影响漫反射： 确定太阳光是否会影响到物体表面的颜色或贴图，可通过右侧的滑块控制影响程度。

影响高光： 确定太阳光是否会影响到材质的高光，可通过右侧的滑块控制影响程度。

阴影： 确定太阳光是否产生阴影。

焦散细分： 计算焦散时由VRay使用，较小的值会产生噪点，但会较快；值越大，结果越平滑，但需要越多时间。

发射半径： 用于确定太阳照射的区域半径。

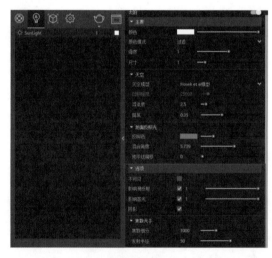

图2-145

图2-146

技巧与提示

　　VFS旧版本的用户可能会发现以前的"阴影细分"选项不见了，因为VFS 3.6将"细分"这个大类别的所有选项全部去掉了，改用更加有效率的方式处理，可以将此比作买了一辆自动挡的汽车。

2.5.2 面光源

1.概述

这是VRay渲染器提供的一种矩形外形的面积光源。在VFS 3.6中，面光源被改成第一光源，因其自由度较高、阴影较为柔和的特点，主光源、辅光源全部可以胜任，并且具有天光入口的属性，说它是VRay中最优秀的人工光绝不为过。

2.创建

单击灯光工具栏中的"面光源"按钮 ▽，在需要添加面光源的位置拖曳出一个矩形面即可创建成功。

面光源默认设置下只有一面可发光，具体表现为正面发光，反面不发光，所以往往需要将其正面朝向需要照亮的物体。可使用"旋转"工具 ✤ 将其正面翻转朝向物体。也可用鼠标右键单击面光源，选择"翻转方向>组件的蓝轴"命令，快速完成面的翻转，如图2-147所示。

图2-147

技巧与提示

切勿双击进入面光源组件去翻转平面，那样是不起作用的。

在创建面光源之前，先按住键盘上的Shift键，然后单击创建灯光，这时会出现一个蓝色的箭头，可用鼠标指针切换其方向，如图2-148所示。箭头的方向就是正面的方向，即灯光的朝向，单击即可确定方向。这样就不需要在创建完成后再翻转方向了。

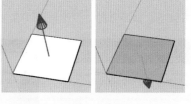

图2-148

3.参数

和太阳光类似，面光源的属性列表也分为"主要"和"选项"两个卷展栏，如图2-149所示。

◆ "主要"卷展栏

颜色/纹理：定义灯光的颜色或纹理贴图。单击"纹理贴图"按钮 ▨ 进入贴图面板，可以给图片添加一张位图，相当于电视中播放的画面。

强度：定义灯光的强度。

单位：此选项是灯光强度的单位设置，在右侧的下拉列表中可以选择灯光的强度单位，这些单位之间可以互相换算，使用正确的单位是至关重要的，如图2-150所示。

• 默认：灯光的颜色和强度将直接决定灯光的属性，无须任何转换。

• 光功率：此模式以功率方式来表述发光亮度，它不受光源的尺寸大小限制，如100W的白炽灯会发出1500lm（流明）的光。

• 光亮度：使用这个单位时，光源的强度由lm表示，并取决于光源的大小。

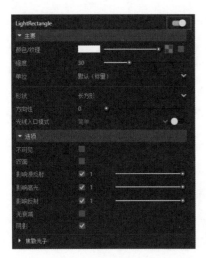

图2-149

图2-150

• 辐射功率：以W作为灯光的强度单位，光的强度不取决于光源的大小，这与灯光所消耗的电力不同，如100W的灯泡发射的可见光只有2~3W。

• 辐射度：使用这个单位时，光源的强度以功率表示，并取决于光源的大小。

技巧与提示

使用不同的单位所产生的灯光亮度也是不同的，如果不熟悉灯光的这些单位，一般保持默认的单位即可。

形状： 指定光源的形状，其右侧的下拉列表中有长方形、椭圆形两种方式，如图2-151所示。当光源的形状改变时，相应的灯光模型也会发生改变，如图2-152所示。

方向性： 此参数控制平面光的传播，取值范围为0~1；值为0时会产生光在所有方向上的最大扩散，随着值越来越接近1，平面灯本身几乎变成黑色，如图2-153所示。这是由于简化了方向分布，光只被向前推动，所以当从侧面看时，平面显得很暗。

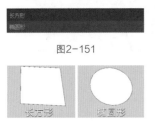

图2-151

图2-152

图2-153

光线入口模式： 一旦开启这个选项，面光源就会考虑改变其位置来投射环境中的环境光，面光源本身的光照强度将不再受灯光面板参数的控制，共有"简单"和"精确"两种类型的光线入口模式，如图2-154所示。"简单"模式的光线入口会忽略其背后所有的模型，让环境光照射进来，相当于打出一个洞；"精确"模式的光线入口会采用其背后所有的模型，包括不透光物体和半透明材质。"简单"光线入口模式更快，"精确"光线入口模式更准确，二者效果相当。

图2-154

技巧与提示

由于"方向性"参数本身不具有物理意义，并且用处不多，一般保持其数值为默认的0。

◆ "选项"卷展栏

不可见： 启用后，光源的形状和颜色在渲染结果中将不可见，但灯光的照明效果（包括漫反射、高光、反射）依然存在。

双面： 控制灯光是否可以双面发光。

影响漫反射： 确定灯光是否会影响到物体表面的颜色或贴图，可通过右侧的滑块控制影响程度。

影响高光： 确定灯光是否会影响到材质的高光，可通过右侧的滑块控制影响程度。

影响反射： 决定光源是否会出现在反射效果中，如玻璃、镜子等物体，可通过右侧的滑块控制影响程度。

无衰减： 在实际生活中，光照强度会随着距离变远而衰减，当启用无衰减时，强度不会随距离衰减。

阴影： 控制灯光是否产生阴影。

"焦散光子"卷展栏同上述太阳光中的完全相同，此处不再介绍。

技术专题

三点布光

　　三点布光又称为区域照明，一般用于较小范围的场景照明，常用于产品渲染和人像摄影等。如果场景很大，可以把它拆分成若干个较小的区域进行布光。一般有3盏灯即可，分别为主体光、辅助光与轮廓光。以下就以类似摄影棚柔光灯的面光源为例介绍这种布光方法。

　　首先关闭默认的天光系统。进入资源管理器的灯光标签页，单击"太阳光"按钮 ![button] 关闭太阳光，如图2-155所示。进入资源管理器的设置标签页，单击展开"环境设置"卷展栏，取消勾选"背景"选项右侧的复选框以关闭天空背景，如图2-156所示。

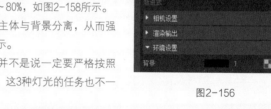

图2-155

　　主体光： 主体光通常用来照亮场景中的主体对象与其周围区域，并且具有给主体对象投影的功能，决定主要的明暗关系。主体光一般布置在物体上方45°的位置，如图2-157所示。

　　辅助光： 又称为补光，用它来填充阴影区域、被主体光遗漏的场景区域，以及照亮漆黑的阴影，调和明暗区域之间的反差。辅助光不一定只能有一个。由于要达到柔和照明的效果，因此通常辅助光的亮度只有主体光的50%~80%，如图2-158所示。

　　轮廓光： 也称背光，顾名思义，目的是照亮轮廓，将主体与背景分离，从而强调主体轮廓，帮助突显空间的形状和深度感，如图2-159所示。

图2-156

　　上述介绍的三点布光是仅以面光源为例的基础运用，并不是说一定要严格按照这种思路进行。例如，这3种灯光不一定全部都要用面光源，这3种灯光的任务也不一定只用单盏灯光就能完成，一切都需根据实际情况考虑。

　　最终模型文件为"三点布光.skp"。

图2-157

图2-158

图2-159

2.5.3 球形灯

　　观察创建球形灯的按钮 ◎，可以看到球面似乎是由两个半球面组成的，因而可将球形灯看作裹成球的面光源。

　　球形灯的创建方法很简单，只需在需要添加的地方单击，再使用鼠标指针控制其半径，单击确认即可创建完成。

其参数面板和面光源的基本相同,只是少了一些面光源独有的平面属性(如"形状""方向性""双面"等),如图2-160所示。与上述面光源或太阳光相同的参数的含义就不再赘述。

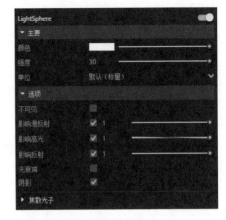

图2-160

2.5.4 聚光灯

1.概述

聚光灯在一个圆锥形的区域中均匀地发射光线,可以模拟出类似舞台追光、放映机、投影、手电筒等的灯光,它在VRay中是属性最多的一种灯光。相较于VFS前代版本,VFS 3.6优化了聚光灯的衰减半径。

2.创建

和其他灯光的创建方法不同,聚光灯的创建方法需要掌握一定的技巧。

单击"聚光灯"按钮 ▲,按住键盘上的Shift键,第一次单击确定聚光灯的入射点,第二次单击确定照射方向,第三次单击确定照射范围,第四次单击确定照射扩散范围,如图2-161所示。

3.参数

聚光灯的参数面板如图2-162所示,与上述其他灯光相似的参数也不再赘述,只介绍聚光灯的特有参数。

锥角: 由聚光灯形成的光锥的角度,即照射范围。该值以度为单位,锥角变化如图2-163所示。

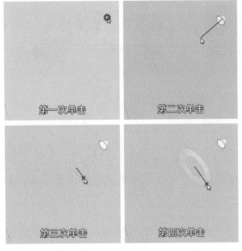

图2-161

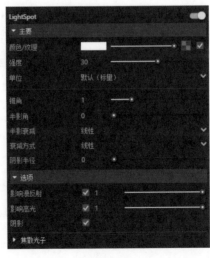

图2-162

锥角 1

锥角 2

图2-163

半影角： 此参数控制聚光灯照射边缘的虚边，默认值为0，值越大，边缘越柔和，如图2-164所示（锥角保持为1）。

半影衰减： 选择光锥衰减区域内的衰减方式，共有"线性"和"平滑立方"两种，如图2-165所示。

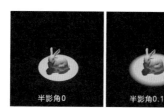

图2-164

图2-165

技巧与提示

"线性"和"平滑立方"两种方式的区别如图2-166所示（半影角保持为0.1）。

图2-166

- 线性：光线不会有任何衰减。

- 平滑立方：光会以现实的方式衰减。

衰减方式： 和半影衰减不同，此处的衰减方式是指从光源的距离设置光照强度的方式，在其右侧的下拉列表中可以选择光线的衰减方式，如图2-167所示。

- 线性：光照强度不会随着物体与光源之间的距离产生衰减。

- 反比：光照强度会随着物体与光源之间的距离产生反比例衰减。

- 平方反比：光照强度与光源距离的平方成反比，这也是最自然的一种光线衰减方式。

图2-167

技巧与提示

通常光照强度与光源距离的平方成反比（距离光源远的表面比靠近光源的表面要暗）。前面讲解的其他类型的灯光都默认使用平方反比的衰减方式。

阴影半径： 通过控制光源的大小来调整阴影的锐利程度；默认值为0，表示阴影最锐利，值越大，阴影越柔和，效果如图2-168所示。

图2-168

技巧与提示

建议开启"互动式渲染"后调节上述聚光灯的参数，这样较为直观。

2.5.5 IES灯

1.概述

IES灯（即光域网灯光）能够通过加载IES文件来模拟各种形状的射灯灯光。

光域网是一种关于光源亮度分布的三维表现形式，存储于IES文件当中。光域网是灯光的一种物理性质，用于确定光在空气中发散的方式，如图2-169所示。

2.创建

单击"IES灯"按钮 ⊼，会弹出一个选择IES文件的对话框，选择已经下载好的IES文件，如图2-170所示。必须先指定IES文件，否则无法创建出IES灯的实体模型。

图2-169

图2-170

打开某一个IES文件后，单击需要添加灯光的地方即可创建成功，灯光实体模型如图2-171所示。

图2-171

技巧与提示

自由控制IES灯的方向

在打开某一个IES文件后，按住键盘上的Shift键单击需要添加灯光的位置，然后就可以使用鼠标指针自由地控制IES灯的方向，再单击确认，如图2-172所示。但这样操作有一定难度，请酌情使用。

图2-172

3.参数

IES灯的参数面板如图2-173所示，其中除"主要"卷展栏中的内容有所变化外，其他参数均与前面讲解的灯光类型相同，此处只介绍"主要"卷展栏中IES灯的一些特有参数。

强度（lm）： 和前面介绍的灯光类型的强度参数不同，因为IES文件中带有灯光强度信息，所以需要将其勾选才能覆盖IES文件中的强度；默认强度为1700，单位为lm（流明）。

IES灯光文件： 用以显示和修改指定的IES文件。单击 ▦ 按钮可变更指定的IES文件。

形状： 指定灯光形状，渲染阴影时按照相应的灯光形状计算。其下拉列表中共有"从IES文件""点""圆形""球形"4种形状，默认的形状是"点"，如图2-174所示。

- 从IES文件：使用IES文件中的形状。

- 点：将灯光形状视为点光源。

- 圆形：将灯光形状视为平面圆形区域灯光，它的尺寸可以用下面的直径参数来指定。

- 球形：将灯光形状视为球形灯，它的尺寸可以用下面的直径参数来指定。

以上4种灯光形状的效果对比如图2-175所示。

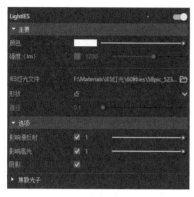

图2-173

图2-174

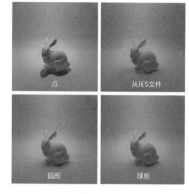

图2-175

2.5.6 点光源

1.概述

点光源又称泛光灯，本质上是一个发光的点，用于模拟光线从一个点向四周发射的效果。但在现实物理世界中点光源是不存在的，它只有位置，没有体积（将点光源实体模型缩放至任意大小，都不会影响其灯光强度），常和穹顶灯配合来模拟太阳光。

2.参数

点光源的参数面板如图2-176所示，其与球形灯的参数面板相似，因点光源没有体积的特征，所以多了"衰减方式"和"阴影半径"这两个参数选项。

衰减方式： 和前述聚光灯的参数一致，也分为"线性""反比""平方反比"3种方式，默认是"平方反比"方式。

阴影半径： 和前述聚光灯的参数一致，此处不再赘述。

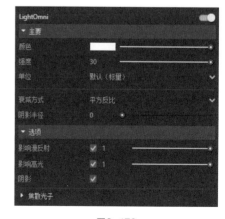

图2-176

2.5.7 穹顶灯和HDRI照明

1.概述

　　穹顶灯是一个无限的半球形或球形，通常用于附加HDRI贴图以创造出逼真的室外环境效果。穹顶灯模型如图2-177所示。其本质上是将一张360°的HDRI贴图包裹在一个球体内部的表面，然后在球体的内部观察物体。

　　HDRI的全称是"High Dynamic Range Image"（高动态范围图像），简单来说，它具有记录图片环境中光照信息的能力。因而可以使用这种图像来照亮场景，并替代VRay原有的天光系统，使场景中的天空和环境照明更加真实。

　　通常下载的HDRI贴图都是360°球形或半球形的，如图2-178所示。其常用的格式有HDR、EXR等。

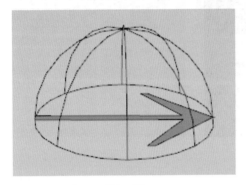

图2-177

图2-178

技巧与提示

　　HDRI也可用于后期处理，将渲染完成的图像另存为HDRI类格式，在后期处理中就会具有很大的操作空间，可以很好地纠正一些过曝的情况。

2.创建

　　穹顶灯的创建方法很简单，只需单击灯光工具栏中的"穹顶灯"按钮 ◎，在场景中任意位置单击即可完成创建，不会影响渲染结果。其默认附带着一张VRay提供的HDRI贴图，为半球形贴图，可以在灯光属性面板中更换贴图，如图2-179所示。

图2-179

技巧与提示

若要使用穹顶灯替代太阳光并作为场景的环境照明光，需要先关闭太阳光和天空光，以免它们影响到穹顶光的照明效果。

穹顶灯创建小技巧如下。

1.在单击"穹顶灯"按钮之后，按住键盘上的Shift键单击场景中的任意位置，即可创建一盏没有HDRI贴图的穹顶灯。

2.在单击"穹顶灯"按钮之后，按住键盘上的Ctrl键单击场景中的任意位置，会弹出一个选择HDRI贴图文件的对话框，选择完成后单击"打开"按钮完成创建，如图2-180所示。

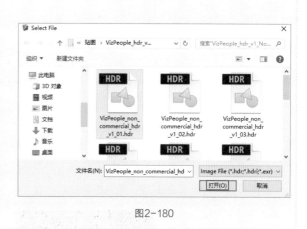

图2-180

3.参数

穹顶灯的参数面板如图2-181所示。因为穹顶灯通常需要附带一张HDRI贴图使用，所以它本身的灯光参数并不是很多，大部分都与前述其他类型的灯光类似，只是多了一些用于控制灯光实体模型和图像的参数。此处只介绍穹顶灯的一些特殊参数选项。

颜色/纹理HDR： 可以指定灯光的颜色和贴图。单击"纹理贴图"按钮■可进入贴图选项，单击■按钮可以重新指定穹顶灯的HDRI贴图。

形状： 可以指定穹顶灯的形状，其右侧下拉列表中有"半球"和"球形"两种形状，一般根据选用的HDRI贴图的形状来定义此处的形状，如图2-182所示。

纹理分辨率： 指定为重要的采样重新采样纹理的分辨率，具体含义无须理解，一般不需要更改。

使用变换： 开启后，HDRI贴图将会锁定穹顶灯模型的方向，并允许通过旋转模型控制HDRI贴图的方向。开启后旋转方向的效果如图2-183所示。

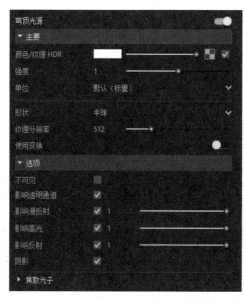

图2-181

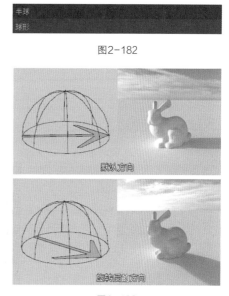

图2-182

图2-183

不可见： 启用后，HDRI贴图背景在渲染结果中将不可见，但不影响光照效果，如图2-184所示。此参数选项一般用于需要更换HDRI天空背景的渲染图。

影响透明通道： 透明通道即Alpha通道，启用此选项后，HDRI贴图背景在Alpha通道中将作为实体对象可见，是不透明的，用白色表示；如果禁用此选项，HDRI贴图背景在Alpha通道中将不可见，是透明的，用黑色表示，如图2-185所示。此参数选项一般用于需要更换HDRI天空背景的渲染图。

其他参数与前述其他类型灯光的参数相同，就不再赘述。

图2-184

图2-185

HDRI背景与场景物体结合

◆ **概述**

不同于只使用HDRI贴图进行照明，在某些场合下，使用一些高质量的球形HDRI贴图，让场景中的物体就像是放置在HDRI贴图背景现场一样，可以增强设计的真实感和说服力。基于2.5.7小节中关于穹顶灯和HDRI贴图的知识，将物体和HDRI贴图背景融合并不难，较难处理的部分是融合物体与其地面上的阴影。

◆ **操作如下**

此处依然以"斯坦福兔子"为例，如图2-186所示，将兔子放置在一个500mm×500mm的矩形面上，以便显示物体的阴影。

01 关闭默认的天光系统，与上文"技术专题：三点布光"的操作一致。

02 新建一盏"穹顶灯"，加载本节配套资源对应文件夹中的HDRI贴图"derelict_highway_noon_6k.hdr"，将"形状"改为"球形"，如图2-187所示。单击"渲染"按钮 ○ 测试渲染，此时场景非常暗，需要提高强度，如图2-188所示。

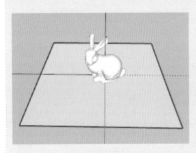

图2-186

图2-187

图2-188

03 打开资源管理器，将"穹顶灯"的强度增大。经过多次试验，最终强度值为60。单击"渲染"按钮 ○ 测试渲染，效果如图2-189所示。

04 复制"穹顶灯"的纹理贴图，用鼠标右键单击"纹理贴图"按钮 ■，选择"拷贝"命令，如图2-190所示。新建一个"通用"材质并命名为"地面"。用鼠标右键单击"地面"材质的"漫反射"的"纹理贴图"按钮 ■，选择"粘贴为复制"命令，如图2-191所示。

图2-189　　　　　　　　　图2-190　　　　　　　　　图2-191

05 在SketchUp视图窗口中选中地面群组，然后在材质面板中将"地面"材质赋予它。单击"渲染"按钮 ○ 测试渲染，如图2-192所示。地面的贴图和HDRI的背景完全匹配，但地面显然太亮了，可将"穹顶灯"的"影响漫反射"值调小。

06 将"影响漫反射"改为0.5，如图2-193所示。单击"渲染"按钮 ○ 测试渲染，地面颜色与实际效果有些许接近，但还是有差距，可以让地面边缘变得柔和来改善观感，如图2-194所示。

07 展开"地面"材质的"透明度"属性，然后单击"纹理贴图"按钮 ■ 添加纹理，在左侧列表中选择"渐变"，如图2-195所示。

图2-192　　　　　　　　　图2-193　　　　　　　　　图2-194　　　　　　图2-195

08 将"参数"下的"类型"改为"UV"，将"差值采样数"改为"平滑"，才会有图2-196所示的渐变效果。将渐变颜色调整为由白到黑，其中白色部分不透明，黑色部分完全透明，如图2-196所示。

09 添加完成后，单击"纹理"中的眼睛按钮 ∅，以便在SketchUp视图窗口中显示贴图大小，如图2-197所示。显然贴图尺寸不对，将贴图尺寸改为500mm×500mm，如图2-198所示。

10 单击"渲染"按钮 ○ 测试渲染，已经基本达成想要的效果，如图2-199所示。给兔子赋予材质（任意），选择一个合适的角度就可以完成渲染了。如果感觉地面颜色依然与整体不协调，可在漫反射中嵌套一个"色彩校正"纹理调整颜色。

11 最终效果如图2-200所示。

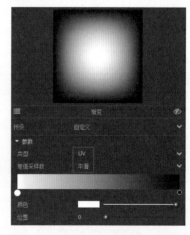

图2-196

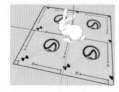

图2-197　　　　　　图2-198　　　　　　　图2-199　　　　　　　　图2-200

2.5.8 网格灯

网格灯可以将群组或组件的模型转化为具有体积和形状的光源，不需要使用自发光材质，常用于创建异形灯、灯带和灯丝等，是VFS 3.6新增的一项比较实用的功能。

网格灯的创建方法比较简单，只需选中需要创建的群组或组件，单击灯光工具栏中的 ◎ 按钮即可，创建完成后的模型如图2-201所示。

网格灯的参数面板和前述球形灯的参数面板几乎一模一样，只是在"选项"卷展栏中多了一个"双面"选项，勾选"双面"表示光线也会从模型内部面发出，如图2-202所示。其余的一些参数选项与前述其他灯光的参数相同，此处不再赘述。

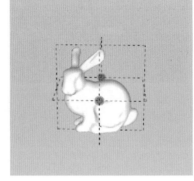

图2-201   图2-202

2.5.9 调整灯光强度

"调整灯光强度"按钮 🔆 是灯光工具栏中的最后一个按钮，它并不是用来创建灯光的，而是一种能够可视化调整灯光强度的工具，配合互动式渲染可以形成不错的互动式效果。

其具体用法是在灯光物体上长按鼠标左键不放，通过鼠标指针的上下拖曳控制灯光强度的大小，如图2-203所示。

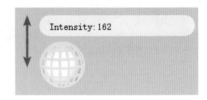

图2-203

2.6 渲染

相较于材质和灯光，最让初学者头疼的就是复杂的渲染设置参数和各类参数的卷展栏名称。VFS 3.6将以往复杂的渲染设置卷展栏精简为更加简洁、智能化、精确的卷展栏，使得初学者更加容易上手操作。

在2.3节中已经大体介绍过了渲染设置的面板，本节将针对每一个卷展栏下的重要参数逐步进行介绍。

2.6.1 渲染设置

"渲染设置"卷展栏提供了对常见渲染功能的便捷访问，例如可以选择渲染引擎与打开或关闭"互动式""渐进式"渲染，还可以从多个质量预设中进行选择。其参数面板如图2-204所示。

引擎：即渲染引擎。可在CPU（中央处理器）和GPU（图形处理器，即显卡）渲染引擎之间切换。启用

GPU会激活右侧的"菜单"按钮■，单击该按钮可在菜单中选择执行渲染计算的设备，或将其全部选择用于混合渲染，如图2-205所示。其中"C++/CPU"指使用CPU渲染，"GeForce GTX 1060 6GB"指使用GPU渲染。

互动式渲染： 能够在场景中编辑对象、灯光和材质时查看渲染图像的更新。互动式渲染仅在"渐进式"模式下有效。当启用"互动式"时，参数面板也将发生变化。图2-206所示为禁用"互动式"的参数面板，图2-207所示为启用"互动式"的参数面板，此时"渲染设置""渲染输出""光线跟踪""全局照明"4个卷展栏会发生比较大的变化。

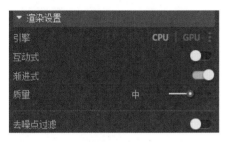

图2-204

图2-206

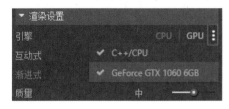

图2-205

渐进式渲染： 是VRay的默认渲染方式，在迭代过程中渲染整个图像，即图像由多噪点状态慢慢变得清晰，可以非常快速地查看图像。但是在出正式渲染图时常常禁用"渐进式"渲染，而使用旧版的"渲染块"式渲染，如图2-208所示。

质量： 通过滑动滑块设置不同的预设值，并自动调整渲染参数。共有"草稿""低""中""高""很高"5个级别，一般渲染正式图时将其调为"高"。不推荐选择预设值为"很高"，它会极大地拖慢渲染速度，仅在非互动式渲染下使用。

去噪点过滤： 启用后会自动添加"Denoiser"渲染元素。仅在非互动式渲染下使用。

图2-207

图2-208

2.6.2 相机设置

1.概述

"相机设置"卷展栏用于控制场景中的几何体投影到图像上的方式。VRay中的相机通常用于定义投射到场景的光线，它基本上就是场景投射到屏幕上的方式。其参数面板如图2-209所示。

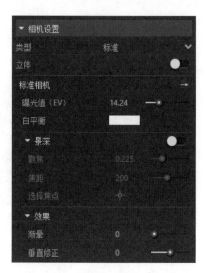

图2-209

2.基本设置

◆ 类型

指定相机的类型，其下拉列表中有"标准""VR球形全景""VR立方体"3种相机模式，如图2-210所示。

其中最常用的是"标准"模式。"VR球形全景"模式可以用来生成球形全景图（相当于各类VR相机），"VR立方体"模式可以用来生成盒形全景图，如图2-211所示。如果不选择"标准"相机，那么其下方的"景深"和"效果"选项为不启用状态。

◆ 立体

开启后的渲染效果如图2-212所示。一般保持默认的禁用状态。

图2-210

图2-211

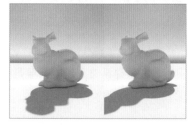

图2-212

3.标准相机

这里主要设置相机的曝光和白平衡。

曝光值（EV）：是反映曝光多少的一个量。曝光值越小，场景越暗；反之，场景越亮。

高级设置：可单击"标准相机"右侧的箭头按钮➡切换到高级设置，将曝光改为使用"感光度（ISO）""光圈（F值）""快门速度（1/秒）"3个参数控制，如图2-213所示。推荐直接使用"曝光值（EV）"调整曝光。

• 感光度（ISO）：控制相机感光元件对光线的敏感程度，感光度越高，照片越亮，噪点越多。

• 光圈（F值）：主要用于调整相机感光元件的受光量，光圈越大，进光量就越多，照片就会越亮。

• 快门速度（1/秒）：控制相机镜头进光的时间，快门速度越慢，照片越亮。

白平衡：场景中具有指定颜色的对象将在图像中呈现为白色，使用白平衡颜色可以对图像输出进行额外修改，不同调整效果如图2-214所示。

图2-213

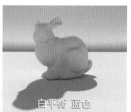

图2-214

4.景深

景深很好理解，类似相机拍摄的背景虚化效果，可聚集观众的视线。景深效果如图2-215所示，景深参数面板如图2-216所示。

散焦：设置焦点平面之外的图像是清晰的还是模糊的（散焦效果）。

焦距：设置焦点与相机之间的距离，这个值会影响景深效果出现的位置。

选择焦点：单击其右侧的■按钮，可以在SketchUp视图窗口的任意位置单击确定焦点所在的位置。

5.效果

主要用于给图像添加一些真实镜头效果，其参数面板如图2-217所示。

渐晕：用来模拟真实相机的光学渐晕效果，取值为0时，没有光晕效果；取值为1时，为正常的光晕效果，如图2-218所示。

垂直修正：可以实现两点透视效果。

图2-215

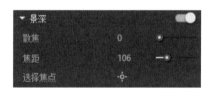

图2-216

图2-217

图2-218

2.6.3 渲染输出

1.概述

此卷展栏主要控制图像与动画的输出设置，如尺寸、保存格式等，其参数面板如图2-219所示。

2.尺寸设置

安全框： 如果视图窗口和图像大小之间的宽高比存在差异，则其可用于打开或关闭安全框，如图2-220所示。

宽度/高度： 设置渲染图像的宽度和高度的大小，其比例主要受下方"长宽比"的限制。

长宽比： 设置渲染图像的宽度和高度的比例，可以锁定和解锁图像长宽比，其下拉列表中共有7种比例选项，如图2-221所示。

图2-219   图2-220   图2-221

技巧与提示

匹配视口

选择"匹配视口"模式时，将禁用"安全框"，因为渲染图像的比例将与视图窗口完全匹配，参数面板也将发生变化，如图2-222所示。当SketchUp视图窗口发生变化时，单击"更新视口"右侧的■按钮可更新视图窗口的比例。

图2-222

3.保存图片

启用此选项可以自动保存渲染完成的图像，在使用"炫云"等"云渲染"工具时必须启用。其参数面板如图2-223所示。

保存图片： 需要先单击"文件路径"右侧的■按钮指定文件路径；设置有效的文件路径后，"文件类型"选项将变为激活状态，之后便可以在"文件类型"中选择保存图像的格式。

图片选项： 在"保存图片"选项中设置了有效的文件路径后，"图片选项"参数将变为可用；其中的可用参数还取决于所选的文件类型，如图2-224所示。

- 透明通道：确定如何处理透明通道。此选项适用于PNG、TGA、SGI、EXR、PIC和TIF等格式。

- 压缩级别：指定图像的压缩级别（PNG文件类型）。

- 压缩：指定TGA和EXR文件类型的图像压缩类型。

- 位每通道：指定每个通道的数据量（常用8位和32位）。

- 质量（%）：使用JPG文件类型保存时，将图像质量指定为百分比。

- 多通道：将输出文件保存为EXR格式时，可以将渲染元素作为不同的通道保存在单个EXR文件中。

4. 动画

用以输出SketchUp多个场景组成的动画，其参数面板如图2-225所示。

时间段模式： 选择动画的哪些部分要进行单帧渲染，其下拉列表中有"完整动画"和"选择帧序"两种模式，如图2-226所示。前者将整个动画渲染为单帧图，后者允许选择需要的某些帧。

动态模糊： 启用动态模糊效果，可给动画添加模糊拖曳效果。

图2-223

PNG文件

EXR文件

图2-224

图2-225

图2-226

> **技巧与提示**
>
> 1.在设置动画时，场景转换的过渡时间最好设置为0秒。可以执行"视图>动画>设置"菜单命令进行修改。
> 2.动画帧速率固定为30帧/秒。

2.6.4 环境设置

1.概述

"环境设置"卷展栏用于指定在环境光（天空光）、反射或折射计算期间使用的颜色或纹理贴图。从"2.5.1 VRay天光系统"一节可知，"环境设置"在默认状态下加载了一张VRay天空纹理，用于产生天空光。其参数面板如图2-227所示。

图2-227

2.背景

在渲染过程中将颜色或贴图设置为背景后，修改其右侧的数值可控制背景颜色和纹理的亮度。此处默认添加了一张VRay天空纹理，只要单击"纹理贴图"按钮■就可以调整纹理贴图。勾选/不勾选纹理复选框☑可启用/禁用背景纹理贴图。

3.环境覆盖

GI（天光）： 指定天空光的颜色，必须启用渲染面板右侧扩展面板中的"全局照明"。

反射： 使用指定的颜色和纹理覆盖反射环境。下方的"折射"同此理。

二次蒙版： 指定颜色或纹理以覆盖影响遮罩对象的环境光线。此选项不常用，不需要深入了解。

以上参数需勾选颜色块左侧的复选框☑才可启用。

使用环境设置替换天空背景

如果想要更换一个带有云彩的天空背景，但不想影响现有的光照环境，通常会使用Photoshop进行更改。此处介绍一种在渲染器内部更换天空背景的方法。

◆ 操作如下

01 展开"环境设置"卷展栏中的"环境覆盖"参数组，将"GI（天光）""反射""折射"全部启用，如图2-228所示。

图2-228

02 将背景的纹理贴图复制到这3个选项上，让环境覆盖具有天空光、反射和折射环境，如图2-229所示。

03 单击"背景"的"纹理贴图"按钮■，将天空纹理替换成带有云彩的天空图片（位图）。单击"更多"按钮■，在左侧材质库列表中选择"位图"选项，接着选取配套资源中对应文件夹下的图片"vp_sky_v1_024.png"，如图2-230和图2-231所示。

图2-229

04 展开"纹理布置"参数组，将"类型"改为"环境设置"，将下方的"映射类型"改为"屏幕"，如图2-232所示。这样操作可以让贴图正确映射到渲染图像中。

05 回到主界面，单击"渲染"按钮■测试渲染，渲染结果如图2-233所示。虽然光照和反射环境没有问题，但天空背景非常昏暗。这是因为背景纹理的强度默认为1，亮度不够，需要将强度值调高才可以以正确的亮度渲染。

06 将强度值改为40，渲染结果如图2-234所示。一张带有云彩的天空贴图就被完美地渲染出来了，并且没有影响到天空光的正常照明。需要不断测试才可以得到结果，且不同的图片需要的强度值是不同的。

最终模型文件为"替换天空背景.skp"。

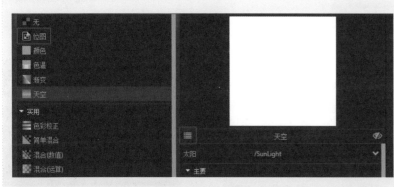

图2-230

vp_sky_v1_024.png

图2-231

图2-232

图2-233

图2-234

2.6.5 材质覆盖

"材质覆盖"卷展栏可以指定用于覆盖场景中所有其他材质的颜色或材质，常用于测试场景灯光照明或满足特定情况下的渲染需求。其参数面板如图2-235所示。

图2-235

覆盖颜色：可将场景中的所有材质替换为以此颜色为漫反射颜色的材质，默认颜色是灰色，渲染效果如图2-236所示。

覆盖材质：不仅可将颜色覆盖于场景中的所有材质，还可将场景中的某一种材质作为覆盖材质；可用于渲染木质模型效果或其他效果，如图2-237所示。

图2-236   图2-237

2.6.6 集群渲染

集群渲染是一个基于Web的分布式渲染系统。这是一种在多台计算机上拆分渲染的简单而强大的方法，也可以叫作联机渲染。

2.6.7 光线跟踪

1.概述

这个卷展栏中包含光线跟踪和抗锯齿过滤的设置。在VRay中，图像采样器是一种用于采样和过滤图像的函数，它产生的最终像素组就是渲染输出的图像。

"光线跟踪"卷展栏中的参数组会根据渲染器设置的不同而有所不同，并且可以通过单击卷展栏右侧的 ▬ 按钮切换基本设置面板和高级设置面板。

2.互动式渲染

开启"互动式"渲染时的面板如图2-238所示。

互动性能： 设置一次图像传递期间每个像素追踪的光线数量，值越小，图像就越平滑，但是互动性也会随之降低，即画面更新速度变慢。一般保持默认即可。

3.非互动式渲染

开启"渐进式"渲染时的高级设置面板如图2-239所示，关闭"渐进式"渲染时的高级设置面板如图2-240所示。

噪点限制： 指定渲染图像中可接受的噪点水平，取值范围为0~1，值越小，图像的质量也就越高（噪点越少），但渲染速度也会减慢；当值为1时图像质量最差。

时间限制（分钟）： 只有当取消"渐进式"渲染时才会出现；默认其复选框是不勾选的，此时只有当图像渲染完成后才会停止渲染；如果勾选，设置的时间一到渲染就会停止。

最小细分： 设置像素采样的最小数量；该值很少需要高于1，除非是渲染非常细的线条或快速移动的物体与运动模糊相结合的情况。所取样本的实际数量是该数字的平方，例如，值为4时，每像素会产生16个样本。

最大细分： 设置像素采样的最大数量。

阴影比率： 控制用来计算阴影效果（如光滑反射、GI、面积阴影等）的光线，并且会将更多的精力放在阴影效果的采样中。注意，这不是抗锯齿设置。

格子尺寸： 控制"渲染块"式渲染的"渲染块"尺寸，单位为像素，如图2-241所示。

图2-238

图2-239

图2-240

图2-241

4.抗锯齿过滤

此卷展栏下是控制抗锯齿功能的相关参数，其参数面板如图2-242所示；只有当切换到高级选项时才可用。

过滤尺寸/类型： 控制抗锯齿强度，在右侧的下拉列表中可以选择抗锯齿的类型，如图2-243所示，选择不同的抗锯齿类型，会得到不同的渲染效果；不过一般不需要深入了解其含义，推荐保持默认的"Lanczos算法"。

图2-242

图2-243

技巧与提示

剩余的"最佳优化"和"系统"选项推荐保持默认设置，且不需要了解过多。

2.6.8 全局照明

1.概述

全局照明简称GI，又叫间接照明，指的是场景或环境中的照明，其来自光在物体周围（或环境本身）的反射。在现实生活中，光直接照射到物体上，这束光会在物体之间一直互相反射，形成一种间接的照明。不论物体是粗糙的还是光滑的，光都会一直反射，直到光的能量耗尽，这种物体之间的光的反射就是由全局照明控制的。图2-244所示为全局照明的示意图。

2.全局照明引擎

VRay实现了几种全局照明方法（称为全局照明引擎），用于计算间接照明并在质量和速度之间进行不同的权衡。全局照明的计算过程被分为两种："主光线引擎"和"次光线引擎"。其面板如图2-245所示（禁用"互动式"渲染）。

图2-245

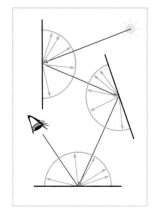

图2-244

图2-246

主光线引擎： 指定用于主要反射的GI计算方法，其下拉列表中有"发光贴图""强算""灯光缓存"3个选项，如图2-246所示。

• 发光贴图：更准确的说法应该为"辐照度贴图"，这是一种基于光线缓存技术的间接照明计算方式，它的原理是只计算场景中某些特定点的间接光照，然后对其余的点进行插值计算。

• 强算：指定主要漫反射的直接计算，又称"蛮力"或"暴力"，是"主光线引擎"的默认方式；此方法非常准确，尤其是在场景中有许多小细节的情况下，但渲染速度慢。

• 灯光缓存：灯光缓存技术接近于场景中的全局光照明；它类似于光子贴图，但没有光子贴图的那些局限性，是通过跟踪眼睛从相机中所观察到的光线路径创建出的灯光贴图。

技巧与提示

以上3种方式的具体含义只需大致了解即可，常用"强算"和"发光贴图"这两种。一般来说，"强算"效果最佳但速度慢，而"发光贴图"速度快。

当开启"互动式"渲染时，全局照明引擎为"强算"，如图2-247所示。

• 全局照明深度：指定GI计算中光线的反射次数，一般来说，光线的反射次数越多，图像越亮；但此参数仅在"互动式"渲染下才可使用，一般不需要修改，保持默认设置即可。

次光线引擎： 指定用于计算二次反射光线的方法。其下拉列表中有"无"、"强算"和"灯光缓存"3个选项，如图2-248所示。

• 无：就是没有，不计算二次反射。选择该选项，可以产生不被环境颜色影响的、具有天空光的图像。

图2-247

图2-248

3.发光贴图

其开启高级设置时的面板如图2-249所示，只有当"主光线引擎"为"发光贴图"时才可启用。当调节渲染质量预设时，此处的参数也会发生变化。

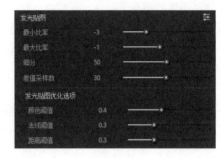

图2-249

最小比率： 设置GI第一遍计算的分辨率。值为0时，表示分辨率与最终渲染图像的分辨率相同，这会使发光贴图类似于直接计算方法。值为-1时，分辨率为最终渲染图像分辨率的一半，以此类推。通常情况下，这个值为负值，会加快渲染图像中大而色调均匀区域的速度。

最大比率： 设置GI最后一遍计算的分辨率。

细分： 控制GI采样的质量。较小的值会加快计算速度，但渲染的图像中会出现光斑。较大的值会得到较平滑的图像。

差值采样数： 较大的值会让渲染结果较平滑，但会模糊GI中的细节；较小的值可以产生较多的细节，但会让渲染的图像中产生光斑。

余下的"发光贴图优化选项"一般不需要修改其参数，此处不详细讲解。

4.灯光缓存

其参数面板如图2-250所示。只有当"主光线引擎"或"次光线引擎"为"灯光缓存"时才可启用。当调节渲染质量预设时，此处的参数也会发生变化。

图2-250

细分： 设置从相机追踪的路径数量，路径的实际数量是这个值的平方。值越大，噪点越少，渲染时间越长，如图2-251所示。

采样尺寸： 控制各个轻缓存样本的大小。较小的值产生较为详细的照明解决方案，但噪点更多，占用空间越大，细节越少，计算速度越快，如图2-252所示。

回折： 启用该选项后，如果灯光缓存出现太大的错误，则此选项可以提高全局照明的精度。

以上参数一般不需要修改，大致了解即可。

图2-251

图2-252

5.磁盘缓存

当使用"发光贴图"或"灯光缓存"时才可启用，图2-253所示为其开启高级设置时的面板。其作用是保存或加载"发光贴图"或"灯光缓存"的缓存文件，可在同一相机视图窗口下反复使用缓存文件，省去再一次计算"发光贴图"或"灯光缓存"的时间。具体用法在后面的案例中会提及，此处不详细讲解。

图2-253

6.环境光遮蔽（AO）

环境光遮蔽简称AO（Ambient Occlusion），AO用来描绘物体和物体相交或靠近的时候遮挡周围漫反射光线的效果，可以解决或改善漏光、阴影不实等问题，以及场景中的缝隙、褶皱与墙角、角线、细小物体等的表现不清晰的问题。可以将其简单地理解成在角落的位置存在一道脏痕，效果如图2-254所示。

其参数面板如图2-255所示。

半径： 确定产生环境光遮挡效果的区域数量（以场景为单位）。

遮蔽量： 指定环境遮挡量，值为0时将不会产生环境遮挡。

图2-254

图2-255

2.6.9 焦散

1.概述

焦散俗称"水光"，焦散现象是指当光线穿过一个透明物体时，物体表面不平整而使得光线折射并没有平行发生，出现漫折射，投影表面出现光子分散。焦散效果如图2-256所示。

虽然焦散现象无处不在，但在一般的室内外效果图制作中很少出现，一般只会用于特写镜头，所以默认此效果是关闭的。

2.参数

焦散的参数面板如图2-257所示。

搜索距离： 当VRay需要在给定曲面点上渲染焦散效果时，它会在阴影点（搜索区域）周围的区域中搜索该曲面上的数字光子。搜索区域是一个圆形区域，原始光子位于中心，其半径等于搜索距离的值。较小的值产生较尖锐但可能较嘈杂的焦散；较大的值产生较平滑但较粗糙的焦散。

最大光子数： 指定在曲面上渲染焦散效果时将考虑的最大光子数。较小的值会使用较少的光子，并且焦散将较为锐利，但可能较嘈杂。较大的值会产生较平滑但较模糊的焦散。特殊值0表示VRay将使用它在搜索区域内找到的所有光子。

最大密度： 限制焦散光子贴图的分辨率。一般保持默认值0。

倍增： 控制焦散效果的亮度。

磁盘缓存： 可保存或加载"焦散光子"的缓存文件，可在同一相机视图窗口下反复使用缓存文件，省去再一次计算"焦散光子"的时间。

图2-256

图2-257

3.渲染步骤

首先需要知道渲染焦散效果的3个前提条件：场景灯光，承接焦散效果的面，以及具有反射、折射属性的模型。

01 简单搭建一个模型场景，在水泥地面上放置一个具有花纹的玻璃杯，如图2-258所示。

02 分别给反射和折射一个白色，并添加淡紫色的雾颜色，如图2-259所示。

03 取消勾选折射属性中的"影响阴影"选项，只有这样才可以渲染出焦散效果，如图2-260所示。

04 在渲染设置中开启"焦散"效果，单击"渲染"按钮 📷 测试渲染，渲染结果如图2-261所示，并没有出现很明显的焦散效果。

05 在太阳光的参数面板中将"光子发射半径"修改得小一些，此处修改为5，这样可以让焦散效果更加明显（需根据具体模型调整），如图2-262所示。单击"渲染"按钮 📷 测试"渲染"，"渲染"结果如图2-263所示。虽然出现了比较明显的焦散效果，但较为模糊，还需要继续调整。

06 在焦散的参数面板中将"最大光子数"减小，以便让焦散效果显得更加锐利，此处修改为30（需根据具体模型调整），渲染结果如图2-264所示。如果感觉噪点过多，可增大灯光参数的"焦散细分"值。

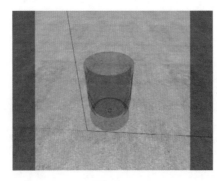

图2-258

图2-259

07 由于材质的折射层关闭了"影响阴影"，整体阴影显得不真实，因此一般会通过后期处理将开启了"影响阴影"的图像和此图像合并，如图2-265所示。

最终模型文件为"焦散.skp"。

图2-260

图2-262

图2-261

图2-263

图2-264

图2-265

2.6.10 空间环境

1.概述

此卷展栏用于查看和调整空间环境效果"大气透视"和"环境雾"的设置。其中"大气透视"模拟的是地球大气对从远处观看的物体外观的影响，类似于"薄雾"，如图2-266所示。而"环境雾"是一种大气效应，多用于模拟像雾、大气灰尘等粒子介质，如图2-267所示。

图2-266

图2-267

2.大气透视

当"空间环境"类型为"大气透视"时，参数面板如图2-268所示。

太阳: 指定场景视角效果所连接的场景中的太阳对象。

能见距离（m）: 指定雾吸收来自其后方物体的光的距离（以米为单位）。可以理解为大雾天气的能见度。较小的值使雾显得较密集，而较大的值会降低大气透视的影响，如图2-269所示。

图2-268

大气高度（m）： 以米为单位控制大气层的高度。较小的值可用于实现艺术效果。该值以米为单位，并根据当前SketchUp单位在内部进行转换。大气高度对渲染的影响如图2-270所示。

散射光倍数： 控制从大气效应散射的太阳光量。默认值1在物理上是准确的，较小或较大的值可用于实现艺术效果。

过滤颜色： 影响未散射光的颜色，即"雾气"的颜色。

影响环境： 当禁用时，大气效应只影响场景中直接照射到对象上的光线，而不会影响到射向天空的光线，如图2-271所示。

影响背景： 控制大气透视效果是否影响背景（如果使用了VRay Sky以外的背景）。通常情况下，这个选项被禁用，但是当启用该项时，可能会产生一些有趣的效果。

图2-269

图2-270

图2-271

3.环境雾

当"空间环境"类型为"环境雾"时，参数面板如图2-272所示。

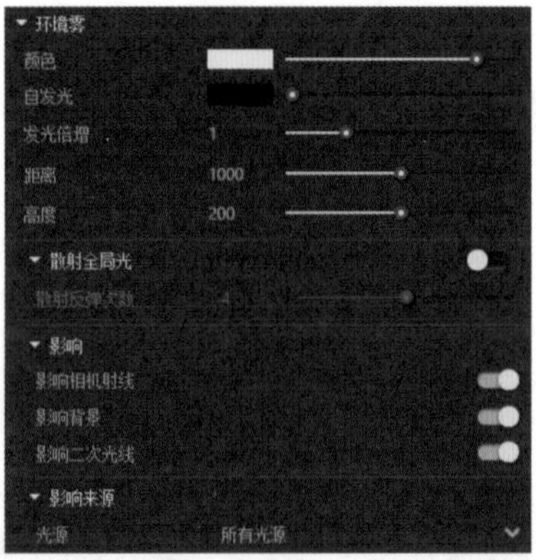

◆ 环境雾

颜色： 定义光源照射时雾的颜色。

自发光： 控制雾的自发光，可以使用此参数替换雾内的环境照明，而不是使用GI。

发光倍增： 雾的自发光的倍增值。

距离： 控制雾密度，越大的值使雾越透明，而越小的值使雾越密集。

高度： 如果雾未包含在体积内，则假定它从某个z级高度开始并无限期地继续向下。此参数确定沿z轴的起点。

图2-272

◆ 散射全局光

使雾能够散射全局光照。推荐保持禁用状态。

散射反弹次数： 控制光线将在雾内计算的GI反弹次数。

◆ 影响

影响相机射线： 启用或禁用通过体积跟踪相机光线。

影响背景： 启用或禁用通过体积跟踪背景光线。

影响二次光线： 启用或禁用通过体积跟踪辅助光线。

◆ 影响来源

此选项允许用户指定渲染环境雾时将考虑哪些灯光。当某些灯光影响场景中的特定对象而另一组灯光影响环境雾时，使用此选项。其下拉列表中有3种来源——"无光源""所有光源""选择光源"，如图2-273所示。

无光源：场景中的灯光不会影响环境雾。

所有光源：场景中的所有灯光都会影响环境雾。

选择光源：只有从下拉列表中选择的灯光才会影响环境雾，如图2-274所示。

图2-273   图2-274

2.6.11 渲染元素

1.概述

渲染元素是一种将渲染分解为其漫反射颜色、反射、阴影、遮罩等组件部分的方法。当用各组件部分重新组合最终图像时，使用合成或图像编辑应用程序在最终图像中进行微调控制并组成元素。

2.操作

渲染元素的参数面板如图2-275所示，单击"添加渲染元素"处即可在下拉列表中搜索添加所需的元素，也可以在搜索框中直接搜索名称。

当渲染完成后，在"帧缓存窗口"左侧渲染元素下拉列表中即可找到对应的渲染元素，如图2-276所示。

图2-275

图2-276

3.常用渲染元素

此处介绍几种常用的渲染元素。

Denoiser（去噪点过滤）：采用现有渲染并对其应用去噪操作，渲染完成后将图像作为正图保存下来。当添加Denoiser之后，面板中会多出一个"去噪点过滤"卷展栏，可根据需求自行调整预设，如图2-277所示。

ExtraTex（特殊材质）：用于渲染整个场景，并在所有对象上映射一个纹理。当添加ExtraTex之后，面板中会多出一个"特殊材质"卷展栏，可单击"纹理贴图"按钮■添加纹理，如图2-278所示（常添加边线模式单独渲染AO图，方法与2.4.4小节的"3.添加倒角"类似）。

材质ID：将相同材质的物体分别用不同的颜色表示出来，以方便后期处理时单独选择，效果如图2-279所示。

图2-277

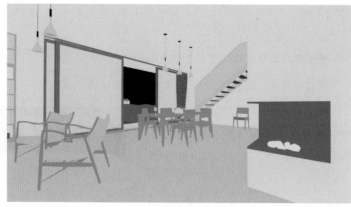

图2-279

图2-278

2.6.12 开关

"开关"卷展栏用于全局控制渲染器的各个方面,其参数面板如图2-280所示。

图2-280

◆ **物体**

此处可启用(默认)或禁用VRay的置换贴图。

◆ **光源**

光源: 全局启用灯光。请注意,如果禁用灯光,VRay将仅使用全局照明来点亮场景。

隐藏光源: 启用或禁用隐藏光源。勾选此选项后,无论是否隐藏灯光,都会渲染灯光。

◆ **使用统计**

向Chaos Group发送匿名使用情况统计信息,默认是关闭的。

2.7 几何体

VFS提供了许多用于渲染的几何对象和工具,可以在场景中创建虚拟几何体,并使其在渲染时看起来像真实几何体,而不是网格物体。在"2.2.3 物体工具栏"和"2.3.4 几何体标签页"小节中已经介绍过大致的种类及含义。本节将分别详细介绍其具体参数及用法。

2.7.1 无限地面

无限地面是一个非常简单的选项,为VRay实现了应用程序上的无限平面,可以通过单击物体工具栏中的"无限地面"按钮 ▦ 来创建VRay平面。图2-281所示为创建完成的无限地面。

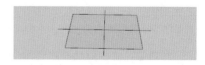

图2-281

将贴图尺寸正常的材质赋予无限地面后，渲染结果的贴图大小不正常，该如何解决？

有两种解决方案，介绍如下。

1.可直接缩放"无限地面"几何模型来控制贴图大小。

2.修改贴图属性的"重复U/V"值，单击材质的"漫反射"的"纹理贴图"按钮 ▦ 修改贴图属性，如图2-282所示，"重复U/V"的两个值应保持一致，值越大，贴图越小。具体值还需要根据实际情况决定。

图2-282

2.7.2 代理物体

1.概述

VRay Proxy（VRay代理）对象允许在渲染时从外部网格中导入几何对象。该几何对象不存在于SketchUp场景中，不会占用任何资源，可以渲染具有数百万个三角形的场景，而不仅仅是SketchUp本身可以处理的场景。也可将场景内部面数较多的物体导出或转化成代理文件，以节约系统资源。

2.导出代理

导出代理物体可以通过以下两种方式之一完成，即通过VRay物体工具栏或"扩展"菜单。

要通过物体工具栏中的按钮创建代理，请选中要导出的组或组件。在选中场景中的对象之前，按钮将保持未激活状态。在场景中选中组或组件时，"导出代理"按钮 ⬚ 将变为激活状态，如图2-283所示。

图2-283

单击"导出代理"按钮 ⬚ 以打开"导出代理"窗口，如图2-284所示。

文件路径：指定代理文件的名称及路径，通过单击右侧的"保存文件"按钮 ▤ 指定。

预览模式：选择代理预览的方式，其下拉列表中共有"跳面""精简聚类""顶点聚类"3种模式，如图2-285所示。

• 跳面：最快的预览模式。

• 精简聚类：能够生成更精确的预览模型，但速度稍慢。

图2-284

图2-285

• 顶点聚类：此模式速度快，可生成相当精确的预览模型。

预览面数：指定代理预览的面数，面数越多，预览模型越精确。

覆盖现有文件：启用后，VRay将自动覆盖任何现有的VRMESH文件。

代理替换对象： 启用后，代理模型将替代原有模型。

3.导入代理

导入代理通常有两种思路，一种是导入VRMESH文件，另一种是导入存有代理模型的SKP文件。

要导入代理模型文件，单击"导入代理"按钮 并选择一个来自本地计算机的VRMESH文件。

加载到场景后，由于VRMESH文件不保存特定的材质信息，因此必须手动保存和重新加载材质，否则渲染结果中会出现材质异常，需按照渲染结果的颜色重新指定材质的漫反射贴图，如图2-286所示。

图2-286

导入存有代理文件的SKP模型文件，可避免重新加载材质的问题，也不用保存外部贴图文件。可以执行"文件>导入"菜单命令导入模型，也可以直接将SKP文件拖入SketchUp视图窗口中。

4.参数

代理物体的参数面板如图2-287所示。

◆ **"主要"卷展栏**

文件： 指定代理文件。

预览模式： 指定预览模式，这不会影响最终渲染，其下拉列表中共有5种模式，如图2-288所示。

图2-287

图2-288

- 代理预览：将在视图窗口中预览网格的一部分，其中隐藏了一些面。

- 完整网格：将在视图窗口中预览整个网格，建议不要使用此模式，否则会给系统带来很大负担。

- 边界盒子：预览显示为边界框。

- 点（原点）：将网格预览为具有自己的原点和轴指示符的边界框轮廓。

- 自定义预览：此选项允许更改代理文件，且不会影响更新和预览几何，现有项目中的代理将加载默认启用的自定义预览，确保自动更新时不会删除用户自定义预览几何。

不同预览模式的效果如图2-289所示。

◆ "动画"卷展栏

回放类型： 确定播放的行为方式。共有"循环"、"单循环"和"往返循环"3种类型，如图2-290所示。

- 循环：动画播放到最后并在完成后循环回第一帧。

- 单循环：动画播放一次。

- 往返循环：一旦到达最后一帧，动画就会向后播放，然后在到达第一帧时再向前播放动画。

回放速度： 即动画速度的倍数。

起始帧： 即动画的播放从第几帧开始。

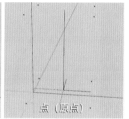

图2-289

图2-290

2.7.3 毛发

1.概述

VFS 3.6自带了一个毛发插件。毛发仅在渲染时生成，并且实际上不存在于场景中，如图2-291所示。

2.创建

要创建VRay毛发对象，必须先在SketchUp场景中选中一个群组或组件，然后执行"扩展>VRay>VRay物体>创建毛发"菜单命令完成创建，或者单击物体工具栏中的"毛发"按钮 进行创建。将材质应用于组或组件，毛发对象将吸收所应用的材质。

图2-291

技巧与提示

毛发小技巧

可以在组或组件之间复制毛发对象，并将其放在新组或组件中。然后，该对象将接收所有关联的对象属性。

3.主要参数

"主要"的参数属性面板如图2-292所示。

分布： 指定毛发分布的模式。

• **每表面：** 每个面都会生成指定数量的毛发。

• **每区域：** 给定表面的毛发数量基于该面的大小；较小的表面有较少的毛发，较大的表面有较多的毛发。

计数（区域）： 值越大，毛发数量越多，反之越少。

密度贴图： 使用贴图的灰度信息来分布毛发数量，黑色部分对应于零密度，白色表示正常密度。

长度： 指定毛发的长度。

粗细： 指定毛发的粗细，此值是毛发的半径。粗与细类似竹笋和草叶的感觉。

锥度： 指定毛发的尖锐程度，值为0时类似地毯，值为1时类似草叶。

重力： 控制沿重力方向拉动毛发的力。

弯曲： 控制毛发的弹性，当值为0时，所有毛发都是僵直的（此值须在重力参数的影响下调整）。

图2-293所示为长度、粗细、锥度、重力、弯曲作用的效果。

图2-292

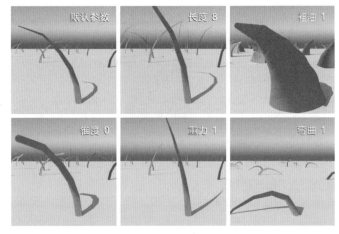

图2-293

全局比例： 即毛发大小比例。

分段数： 控制毛发呈现的连接直线段的数量，默认值为5，值越大，毛发效果越精细。

4.差异

"差异"的参数面板如图2-294所示，可以看到有些参数和上述的"主要"参数类似，此处主要是针对上述相关参数进行一些变化，取值范围从0（无变化）到1。其中的"弯曲方向贴图"和"初始方向贴图"用的比较少，此处不详细讲解。

5.卷曲

　　"卷曲"的参数面板如图2-295所示，它主要用于控制毛发的卷曲程度，相当于"烫发"，可以用于渲染枯草。

图2-294

图2-295

　　卷曲半径：指定单个卷曲的半径，如图2-296所示。

　　卷曲半径变化：为毛发的卷曲半径添加变化。

　　卷曲数量：指定毛发的卷曲数量，数量越多，卷曲越明显，如图2-297所示。

　　卷曲贴图：使用贴图的灰度信息来控制卷曲程度；贴图的黑色部分表示没有卷曲，白色部分表示有卷曲，由分布参数指定。

图2-296

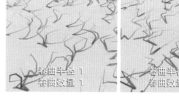

图2-297

6.细节等级

　　开启细节等级可以为远离相机的场景部分生成较少的毛发，通过减少太远而不可见的细节来节省内存。其参数面板如图2-298所示。

　　起始距离：指定相机与VRay开始实施细节水平调整的距离。

　　比率：应用详细程度调整的速率。

7.材质

　　开启材质选项后可单独给毛发赋予材质，也可直接使用场景中的材质。禁用时，毛发将直接使用基础网格的材质进行着色。其参数面板如图2-299所示。

　　"选项"卷展栏中的其他参数使用率很低，此处就不进行讲解了。

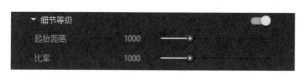

图2-298

图2-299

2.7.3 网格剪切

1.概述

网格剪切是一个几何图元，可使用简单平面剪切掉场景的某些部分。它是渲染时的效果，不会以任何方式修改实际场景的几何体，效果如图2-300所示。

2.创建

网格剪切只能应用于SketchUp中的群组或组件对象。单击物体工具栏中的"网格剪切"按钮 ◈ 即可创建网格剪切，带有网格剪切图标的边界框将出现在所选组或组件周围的视图窗口中。将材质应用于组或组件，网格剪切对象将吸收所应用的材质并将其用于填充修剪面。

图2-300

> **技巧与提示**
>
> **网格剪切小技巧**
>
> 可以通过将网格剪切对象放在新组或组件中来复制组或组件。然后，该对象将接收所有关联的对象属性。

3.参数

网格剪切的参数面板很简单，主要分为"主要"和"选项"两个卷展栏，如图2-301所示。

◆ **"主要"卷展栏**

模式： 使前切器能够以"减去"和"相交"两种方式之一剪切任意群组或组件（不包括无限平面）。

• 减去：减去指定群组或组件内的部分，仅渲染指定群组或组件之外的部分。

• 相交：减去指定群组或组件之外的部分，仅渲染指定群组或组件内的部分。

使用物体材质： 启用后，剪切器将使用剪切对象的材质填充剪切面。

材质： 指定填充剪切面的材质，只有当禁用"使用物体材质"时方可使用，可直接使用场景中的材质。

◆ **"选项"卷展栏**

影响灯光： 启用时，剪切器也会影响照明。

图2-301

仅相机射线： 启用时，剪切器将会影响到相机直接看到的对象，但在反射、折射、GI射线中保持不变。

剖切灯几何体： 启用时，剪切器将剪切几何光源（如网格灯）。

2.8 帧缓存窗口

2.8.1 概述

VRay帧缓存窗口又称"VFB"，是VRay特定的一种帧缓存器，具有渲染历史查看、镜头效果添加和色彩校正等附加功能。

VFS 3.6将旧版本的一些功能转移到了帧缓存窗口中，例如"颜色映射"卷展栏中的相关功能。

2.8.2 界面

帧缓存窗口主要可分为5个区域——①渲染元素切换、②颜色通道切换、③顶部工具栏、④渲染开始和停止、⑤底部工具栏，如图2-302所示。

1. 渲染元素切换

当渲染完成时，可在此区域中切换查看渲染元素。将鼠标指针放在"RGB color"上，滚动鼠标中键切换或单击打开下拉列表切换，如图2-303所示。

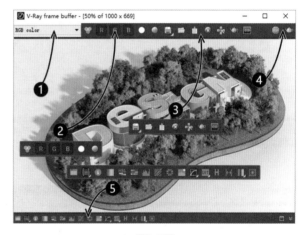

图2-302

2.颜色通道切换

这一部分用于设置当前选定的通道以及预览模式。在按钮的帮助下可以选择要查看的通道，还可以在单色模式下查看渲染图像。从左到右按钮的功能依次为：■红通道、■绿通道、■蓝通道、■透明通道（Alpha）、■灰度通道。

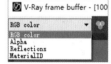

图2-303

3.顶部工具栏

主要功能是保存、加载等。从左到右按钮的功能依次介绍如下。

■：保存当前通道，将图像保存为单个文件。长按此按钮会弹出按钮列表，如图2-304所示。

■：将所有渲染元素保存到单独的文件中。

■：将所有图像通道保存为单个文件。如果使用多通道类型文件（EXR、VRIMG等文件），则所有渲染元素都将保存在同一个文件中。

图2-304

■：载入一个图像到VFB中，并支持绝大多数文件格式。

■：复制当前通道至剪贴板中。

■：清除帧缓存窗口中的内容。

■：跟随鼠标指针渲染。激活后可提前渲染鼠标指针所指向的区域，但是总体渲染时间不变，只是优先计算某个部分。

■：区域渲染。允许在VFB中框选一小块区域进行单独渲染，常用于测试渲染。

■：将VFB链接到PDplayer。一般用不到该按钮。

4.渲染开始和停止

从左到右按钮的功能依次介绍如下。

■停止渲染：当使用"互动式"渲染时，可单击此按钮终止渲染进程。

■开始渲染：单击此按钮开始渲染。

5.底部工具栏

这是一个最容易被初学者忽略的区域，在某些时刻此区域的功能尤为重要。从左到右按钮的功能依次介绍如下。

■显示颜色控制面板：打开"颜色校正"面板，可定义各种颜色通道的颜色校正，如图2-305所示。

■强制颜色钳制：用于查看图像中过曝的区域，方便进行色彩或灯光上的调节。激活此按钮后，过曝的区域会以异样的颜色显示出来，如图2-306所示。

■显示像素信息：单击此按钮会打开像素信息取样器，如图2-307所示，可用鼠标右键单击图像拾取像素点；也可以在VFB中长按鼠标右键弹出图2-307所示的窗口。

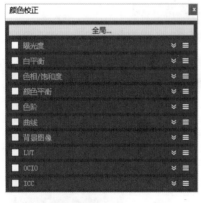

图2-305

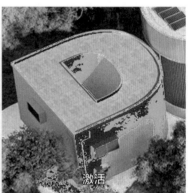

未激活　　　　　　　　激活

图2-306

■使用白平衡颜色校正：单击此按钮即可勾选"颜色校正"面板中的"白平衡"选项。

■使用色相/饱和度颜色校正：单击此按钮即可勾选"颜色校正"面板中的"色相/饱和度"选项。

■使用颜色平衡颜色校正：单击此按钮即可勾选"颜色校正"面板中的"颜色平衡"选项。

■ **使用色阶颜色校正：** 单击此按钮即可勾选"颜色校正"面板中的"色阶"选项。

■ **使用曲线颜色校正：** 单击此按钮即可勾选"颜色校正"面板中的"曲线"选项。

■ **启用曝光度颜色校正：** 单击此按钮即可勾选"颜色校正"面板中的"曝光度"选项。

■ **启用背景图像：** 单击此按钮即可勾选"颜色校正"面板中的"背景图像"选项。

■ **以sRGB色彩空间显示图像：** 推荐保持默认启用状态，否则图像显示会出现问题。

■ **启用LUT颜色校正：** 单击此按钮即可勾选"颜色校正"面板中的"LUT"选项。

■ **显示VRay历史记录面板：** 激活该按钮将打开VRay历史记录面板，如图2-308所示。

■ **像素区块：** 此按钮极少或几乎不会使用。

■ **立体相机：** 此按钮用于显示立体图像，需配合红蓝3D眼镜观察使用。

■ **打开镜头效果设置：** 激活该按钮将打开镜头效果设置面板，如图2-309所示。

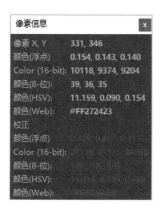

图2-307

图2-308

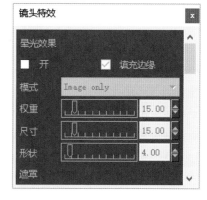

图2-309

6.快捷操作

①按住Ctrl键+双击鼠标左键/双击鼠标右键可放大/缩小图像。

②滚动鼠标中键可缩放图像，最大可将图像放大至1600%。

③双击鼠标左键可将图像缩放至100%。

④鼠标中键用于拖曳图像。

⑤按快捷键Ctrl+C可将图像保存至剪贴板。

2.8.3 颜色校正

1.概述

VRay帧缓存窗口允许对图像应用各种颜色校正，其中包含旧版本渲染设置中的"颜色映射"的一些功能。可以勾选其名称左侧的复选框 ■ 打开和关闭指定的颜色校正，也可使用上一节介绍的一些按钮完成，如图2-310所示。可单击 ■ 按钮展开或隐藏指定颜色校正的参数。

单击"全局"按钮可显示一个下拉列表，允许用户保存当前状态或加载之前保存好的状态，如图2-311所示。

单击 ▤ 按钮将显示一个下拉列表，可以将特定颜色校正的参数重置为其默认值，并且可以保存或加载该颜色校正的参数，如图2-312所示。

图2-310

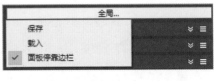

图2-311

图2-312

2.参数

◆ 曝光度

此颜色校正允许调整图像的曝光度和对比度，如图2-313所示。曝光度值为0表示原始图像亮度，正值表示提亮图像亮度，负值表示降低图像亮度。其中可通过降低曝光过度值来调节过曝的区域。

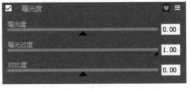

图2-313

◆ 白平衡

白平衡允许校正图像中的色温，可拖动滑块调节色温，值越小色温越偏蓝，反之色温越偏黄，如图2-314所示。

图2-314

◆ 色相/饱和度

其参数面板如图2-315所示，类似Photoshop中的"色相/饱和度"对话框。可对色相、饱和度、亮度进行修改。

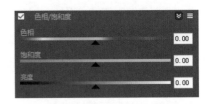

图2-315

疑难问答

色相、饱和度、亮度是什么意思？

色相：拖动"色相"滑块会更改图像颜色的整体色调（灰色保持不变）。

饱和度：较小的饱和度值会将图像移向灰度，而较大的值会增强颜色的鲜艳程度。

亮度：较大的亮度值会为图像添加白色，而较小的值会从图像中减去白色。

◆ **颜色平衡**

此颜色校正允许调整图像的整体色调，以及阴影、中亮和高光颜色的色调。颜色校正是附加的，因为全部校正会影响图像的所有颜色，并且阴影、中亮、高光校正会在全部校正之上调整各个组件，如图2-316所示。

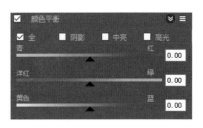

图2-316

◆ **色阶**

此选项类似于Photoshop中的色阶命令，可将R、G、B三个通道分开调整，如图2-317所示。

◆ **曲线**

此颜色校正允许使用贝塞尔曲线重新映射图像颜色，还允许用户从Photoshop中保存和加载ACV曲线文件。其参数面板如图2-318所示。

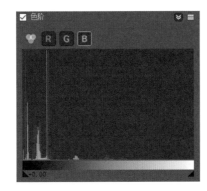

图2-317

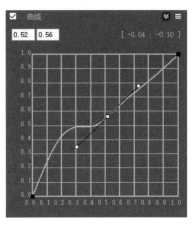

图2-318

控制视图： 滚动鼠标中键可放大和缩小曲线视图，按住鼠标中键拖曳可平移曲线视图。

控制贝塞尔点： 单击一个点以选择它，可以通过框选选择多个点；单击并拖曳选中的点或其切线，可以移动它们；按住Ctrl键并单击曲线可添加新点。单击选中某个点后按Delete键可删除该点。用鼠标右键单击某个点以显示快捷菜单，其中包含该点的其他选项。

◆ **背景图像**

本部分允许加载图像并将其填充到Alpha通道中作为渲染背景使用，如图2-319所示。

Load（加载）： 单击以加载用作背景的图像文件。

Clear（清除）： 用于清除加载的文件。

As Foreground（作为前景）： 用于将图像作为渲染图的前景使用。

◆ **LUT**

此更正允许用户基于 IRIDAS.cube LUT（查找表）文件重新映射图像颜色。这是一种显示颜色校正，仅在帧缓冲区中查看图像时应用，一般不会使用。

图2-319

◆ OCIO

类似LUT，此更正允许用户将OCIO颜色配置文件中的显示颜色校正应用于图像颜色，一般也不会使用。

◆ ICC

类似LUT，此更正允许用户将ICC配置文件应用于图像以使其匹配（即Photoshop中的图像外观）。

"颜色校正"的具体用法将在本书后面的具体案例中介绍。

2.8.4 历史记录

1.概述

VFB允许用户保留先前渲染图像的历史记录，并以VRIMG文件的形式存储在用户指定的位置。除了可以保留历史记录外，此功能还允许用户设置A和B图像并在VFB内进行比较。

要使用历史记录功能，只需单击VFB下方底部工具栏中的█按钮，打开历史记录面板。

2.界面及用法

历史记录面板如图2-320所示。

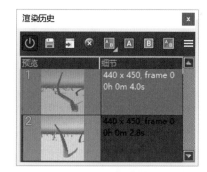

图2-320

█：启用VRay VFB历史记录。当首次启用历史记录时，单击此按钮会弹出一个渲染历史设置窗口；单击█按钮可指定历史记录文件的路径，单击OK按钮即可启用此功能，如图2-321所示。

█：将当前图像从VFB保存到渲染历史记录中，并保存于上面提到的文件路径中。

█：将渲染历史记录中选择的图像加载到VFB。一般用不上这个按钮，可直接双击查看结果。

█：从渲染历史记录中删除选中的图像。

█：单击此按钮将当前选中的图像设置为图像A，再次单击即可取消设置。

█：单击此按钮将当前选中的图像设置为图像B，再次单击即可取消设置。

█：交换图像A和图像B。

█：启用或禁用图像比较。单击并按住该按钮可在水平和垂直比较之间切换，如图2-322所示。可拖曳分界线进一步查看图像间的区别，如图2-323所示。

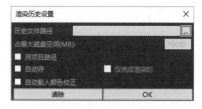

图2-321

图2-322　　　　　图2-323

■：打开VFB渲染历史设置窗口。允许用户指定保存历史记录的位置和最大可用磁盘空间。它还允许用户打开每个渲染图像的自动保存到历史记录功能。

2.9 文件路径编辑器

2.9.1 概述

"文件路径编辑器"是VFS 3.6的一个新功能，VRay文件路径编辑器可以管理所有场景文件，允许设置文件路径、创建场景存档以及跟踪纹理、IES文件和代理对象等资源。

文件路径编辑器为场景中所有可用文件提供简洁概述，因此不会忽略任何文件。

2.9.2 界面

在SketchUp中执行"扩展程序>V-Ray>文件路径编辑器"菜单命令，如图2-324所示，即可打开"文件路径编辑器"窗口。打开的"文件路径编辑器"窗口如图2-325所示。

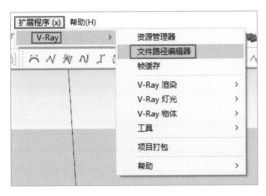

图2-324

图2-325

技巧与提示

SKP格式是一种可以保存贴图的三维格式，不需要外部链接，打开文件时会将贴图释放到临时缓存文件中，在VRay中虽然可以正常识别，但有些材质属性无法设置。因而用黄色标记的文件也需要重新链接。

"文件路径编辑器"窗口列表中的文件有3种不同的颜色标记，用于表示其文件路径的不同状态。

绿色： 文件可用，其路径可通过VRay查看。

黄色： 文件可用，但是存储在临时缓存文件中，即存储在SketchUp文件的贴图中。

红色： 文件丢失或无法访问。

在窗口上方的"列表方式"下拉列表中共有4种列表显示方式，分别为"路径"、"状态"、"类型"和"无"，如图2-326所示。可根据实际情况使用不同的显示方式。

当开启窗口左下方的"覆盖文件"时，将在更新资源路径时允许覆盖现有文件。

窗口右下方共有4个按钮，依次为刷新、更新路径、存档、存档&更新路径。

↻ 刷新： 刷新场景资源的显示。

⟲ 更新路径： 更新所选资源的文件路径。

⊡ 存档： 存储当前选定的资源。

⟳ 存档&更新路径： 允许将所选资源保存在磁盘上并自动将其重新传输到所选目标中。

可直接用鼠标右键单击选中的资源实现和上面同样的操作，如图2-327所示。

图2-326

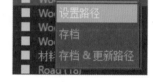

图2-327

第 3 章

农场小屋日景表现

扫码观看视频

在前面两章中，VRay for SketchUp 的基础知识已基本阐述完毕。从本章开始将进行具体案例讲解，案例之于基础知识的意义在于对以往所学知识进行总结和归纳，同时提供一些个人项目流程的参考。

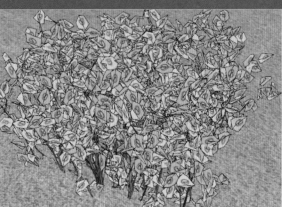

3.1 场景介绍

此场景是一个晴天的室外场景，本章利用此场景介绍一种常见的室外表现策略，在此基础上掌握前文提到的灯光、材质、物体和渲染设置等的应用。

此场景的建筑模型灵感来源于3D Warehouse官方模型库模型。由于模型库模型太过粗糙，便仿照其建筑样式进行了重新绘制，对建筑布局进行了细微修改，使模型呈现出墙面的铁皮质感。然后细致地刻画了周围环境，使用SketchUp的沙盒工具处理地形，使其起伏不平，最终模型效果如图3-1所示。

本案例的制作流程：确定构图—灯光—材质—特殊物体—颜色校正—渲染输出。

下面将分别从这几个方面讲解案例的制作过程及关键点。

图3-1

3.2 确定构图

打开配套资源中的"案例文件\第3章\北欧农场小屋.skp"场景文件。

3.2.1 确定视角

因为此场景表现的重点是建筑的正面和侧面，所以选取了一个侧视的角度，使用"抓手"工具 ◎ 将视角压低一些，如图3-2所示。

在室外表现中通常使用"两点透视"的透视关系。两点透视能准确展现建筑的正、侧两面和体积感。在SketchUp中开启两点透视十分简单，执行"相机>两点透视"菜单命令即可，如图3-3所示。

图3-2

图3-3

技巧与提示

开启后如果因位置发生变化而使视角异常，可使用"抓手"工具 ◎ 调整。

3.2.2 确定图幅比例

为了更好地表现场景建筑与环境的关系，此处建议使用纵向的图幅比例，以更完整地呈现天空和地面草地的效果，烘托晴天万里无云的氛围。

◆ 操作如下

01 由于VFS 3.6引进了"安全框"的概念，因此调整图幅比例变得更加容易。打开"资源管理器"的设置标签页，展开"渲染输出"卷展栏，单击 ▣ 按钮开启"安全框"，修改"长宽比"为"自定义"，设置"纵横比宽/高"为7：10，如图3-4所示。

02 开启"安全框"后，微调相机的位置和角度，尽量让地面部分与天空部分所占比例大致相同，将视图中间较亮的区域作为渲染区域，如图3-5所示。

03 调整完毕，执行"视图>动画>添加场景"菜单命令，将当前视角保存为一个场景，这等同于给画面添加了一个固定的相机视角，避免在后期操作过程中丢失当前视角，如图3-6所示。养成良好的软件使用习惯，随手按快捷键Ctrl+S保存文件。

图3-4

图3-5

图3-6

3.3 灯光

3.3.1 调整阴影

首先需要调整SketchUp的阴影，"阴影"设置中时间和日期决定了太阳的位置和天空光的颜色。在SketchUp视图窗口右侧的"阴影"面板中将"时间"设置为14：11，这是一个日照充足的时间。想表达春景，将日期设置为3月22日，如图3-7所示。场景阴影方向效果如图3-8所示。

图3-7

单击"渲染"按钮 ○ 进行渲染测试，渲染效果如图3-9所示。观察渲染结果可发现两个问题：一是光照亮度不够，场景略显灰暗；二是天空背景有些发灰，不够蓝。

图3-8

图3-9

3.3.2 提高光照亮度

在前面章节中提到，通常调整光照亮度通过改变相机的曝光值实现。打开"资源管理器"设置面板，展开"相机设置"卷展栏，增大"曝光值（EV）"可以提高光照亮度。经过多个值的测试，如14、13.8、13.7等，最后设定此值为13.5（输入13.5后按Enter键，该值会变为13.48）。调整后发现光照亮度有了提升，基本达到满意的程度，渲染结果如图3-10所示。

图3-10

3.3.3 调整天空背景

从前面的章节可知，VRay的天空背景由"环境设置"卷展栏中"背景"的天空贴图控制，此处的思路是给天空贴图添加一个"色彩校正"程序纹理，以便调整天空背景的颜色。

◆ 操作如下

01 用鼠标右键单击"背景"的"纹理贴图"按钮 ▣，然后选择"拷贝"命令将当前纹理复制备用，如图3-11所示。

02 单击"纹理贴图"按钮 ▣ 进入纹理面板，单击"列表"按钮 ☰，执行"实用>色彩校正"命令，添加"色彩校正"程序纹理，如图3-12所示。

图3-11

图3-12

03 用鼠标右键单击"颜色/输入"的"纹理贴图"按钮■，选择"粘贴为复制"命令将天空背景粘贴到此处，如图3-13所示。

04 将"色相"滑块向右滑动一些，使浅蓝色变得更深，同时增大"饱和度"的数值。经过几次数值的试验，最后确定"色相"值为8，"饱和度"值为0.4，如图3-14所示（只需达到人眼舒适程度即可，不用照搬这里的数值）。渲染结果如图3-15所示。

图3-13

图3-14

图3-15

3.4 材质

场景中的灯光调节完成后，将对场景中几个重点材质进行设置。材质应该按照由主到次的原则进行设置，整个流程中提到的参数值仅供参考。此场景材质较少，操作较为简单。

3.4.1 屋顶铁皮

从屋顶的铁皮材质开始。在选择"油漆桶"工具●的情况下按住键盘上的Alt键，同时单击屋顶吸取此材质，打开"资源管理器"开始调整其参数。由于此材质是一种灰黑色的铁皮，表面带有反射和一定的反射模糊，因此只需调整其"漫反射"和"反射"属性。将"漫反射"颜色改为灰黑色（39,39,39），将"反射颜色"的滑块滑至右端，修改"反射光泽度"为0.7，如图3-16所示。材质渲染效果如图3-17所示。

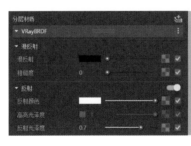

图3-16

图3-17

3.4.2 墙面铁皮

类似上一节的屋顶铁皮材质，墙面铁皮材质表面也具有反射和一定的反射模糊，只需调整"漫反射"和"反射"属性。

将"漫反射"颜色调为偏粉红的颜色，滑动"反射颜色"滑块至右端，修改"反射光泽度"为0.7，如图

3-18所示。受太阳光和天光的影响，此材质的"漫反射"颜色难以把握，需要反复调整。材质渲染效果如图3-19所示。

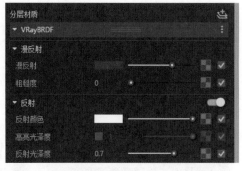

图3-18

图3-19

3.4.3 窗户玻璃

在第2章的常用材质调整中讲解了玻璃的调整方法，但此处不用严格按照前面讲解的方法调整。

将"反射颜色"调为白色，勾选"反射IOR"选项，并修改其数值为2，目的是增强反射，如图3-20所示。

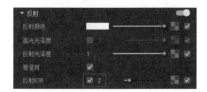

图3-20

将"折射颜色"调至接近白色，如图3-21所示。此玻璃材质在场景中最重要的属性是反射，可以给其折射属性留一些余地，后续也不再为玻璃添加反射的噪波效果。

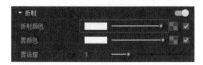

图3-21

3.4.4 窗框

此场景的窗框是一种黑色漆面的金属材质，具有反射和一定的反射模糊。将"反射颜色"调为白色，将"反射光泽度"改为0.8，如图3-22所示。

图3-22

3.4.5 叶子

先分析叶子材质的特性，叶子具有光泽且本身是透光的。在第2章"常用材质调整"的"灯罩（双面材质）"一节中提到了"双面材质"，此材质可用于调整本案例中的叶片材质。

◆ 操作如下

01 使用"油漆桶"工具 吸取建筑前灌木材质的树叶，将"反射颜色"调为白色，修改"反射光泽度"为0.65，使叶片带有一定光泽，如图3-23所示。

02 在"资源管理器"材质面板的"灌木叶子"材质上单击鼠标右键，选择"在场景中选择物体"命令，如图3-24所示。

图3-23

03 在SketchUp材料面板的"编辑"选项卡中查看到此材质的贴图尺寸为25mm×25mm，如图3-25所示。

04 单击材质编辑面板下方的"新建材质"按钮 ，新建一个双面材质，如图3-26所示。将其重命名为"叶子双面"。

05 将"叶子双面"材质的"正面材质"设置为"灌木叶子"，将"半透明"参数的滑块向右滑动以增强透光度，如图3-27所示。

06 在"叶子双面"上单击鼠标右键，选择"将材质应用到选择物体"命令，将该材质赋予模型，如图3-28所示。

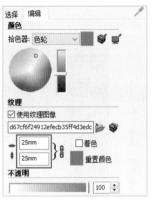

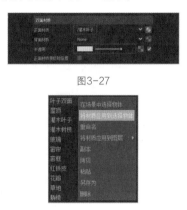

图3-27

| 图3-24 | 图3-25 | 图3-26 | 图3-28 |

07 在SketchUp的材料面板中将贴图大小改为25mm×25mm，使贴图正确地贴上，如图3-29所示。此时贴图显示异常，但不影响渲染，这是VRay显示特殊材质的一种方式，如图3-30所示。材质渲染效果如图3-31所示。

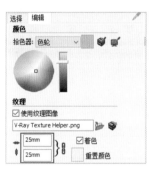

| 图3-29 | 图3-30 | 图3-31 |

3.4.6 躺椅

由于躺椅模型在场景中显得较小，因此只调整其材质的"反射"属性。将"反射颜色"调为白色，修改"反射光泽度"为0.75，如图3-32所示。

图3-32

3.5 特殊物体

为了结合第2章所学知识来丰富整个场景，此案例将添加代理模型和毛发等特殊物体。

3.5.1 添加代理模型树

在前面章节中提到，直接导入VRMESH格式的代理模型会造成贴图丢失，此处使用导入一个存有代理SketchUp模型文件的方法导入代理模型树。

打开配套资源中的"案例文件\第3章\代理模型\V-Ray proxy-changshu4.skp"模型文件，直接将其拖曳到场景中。将模型树置于台阶右侧，然后将其缩放或调整位置，达到自己满意的程度即可，如图3-33所示。测试渲染结果如图3-34所示。

图3-33

图3-34

3.5.2 添加毛发

为了增强草地的真实性，此处使用VRay的毛发工具模拟草的感觉。

◆ 操作如下

01 选中草地模型，单击物体工具栏中的"毛发"按钮 ⚮ 即可完成VRay毛发的创建。

02 滚动鼠标中键放大视图至一小块地面，打开"资源管理器"的物体面板，使用默认参数渲染测试后发现，草的分布过稀、长度偏短，其参数还需要仔细调整，此时的渲染结果如图3-35所示。

03 将"计数（区域）"值增大为1.1，将"长度"值增大为5.7，如图3-36所示。

图3-35

图3-36

04 调整草的材质，真实草地的草叶表面具有光泽，此处需要给草添加反射效果。因为默认状态下草的材质由草地模型的材质决定，所以只需调整草地材质。设置"反射颜色"为白色、"反射光泽度"为0.65，如图3-37所示。测试渲染结果如图3-38所示。

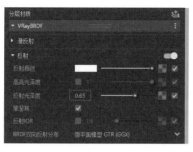

图3-37

图3-38

技巧与提示

此处的调整流程和思路仅供参考。

3.6 颜色校正

既然是全模渲染，那么能够在VRay中做到的就不必使用Photoshop进行后期处理。基于上述渲染测试的结果，在正式渲染之前，会使用前面提到的帧缓存窗口中的"颜色校正"面板对图像进行简单的后期处理。

单击帧缓存窗口底部工具栏中的◨按钮打开"颜色校正"面板。

3.6.1 曝光度

勾选"曝光度"选项，展开曝光度参数。提高曝光度值，减小曝光过度值以抵消部分过曝效果，再提高对比度值，如图3-39所示。

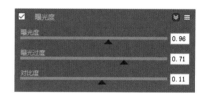

图3-39

3.6.2 色相/饱和度

调整色相是为了让天空背景更蓝，操作思路与本章3.3.3小节类似，提高色相和饱和度的值，如图3-40所示。颜色校正操作完成后的图像如图3-41所示。

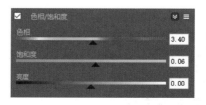

图3-40

图3-41

3.7 渲染输出

就VFS 3.6而言，渲染参数的设置不再是一个深奥的问题，但是不同的渲染参数所需要的渲染时间和得到的渲染质量是不同的，掌握正确的渲染设置方法非常重要。

◆ 操作如下

01 打开"资源管理器"的设置面板，展开"渲染设置"卷展栏，关闭默认的"渐进式"渲染，改用旧版的"渲染块式"进行渲染。将"质量"调为"高"，开启"去噪点过滤"，可以快速在"渲染元素"中添加"Denoiser"降噪元素，如图3-42所示。

图3-42

02 展开"相机设置"卷展栏，在"效果"中增大"渐晕"值，给图像添加"渐晕"效果，如图3-43所示。此值不宜超过1。

03 展开"渲染输出"卷展栏，设置"宽度/高度"为1400：2000，如图3-44所示。

04 展开"全局照明"卷展栏，此处介绍一种最常用的设置，即将"全局照明"的"主光线引擎"改为"发光贴图"，如图3-45所示。

图3-43

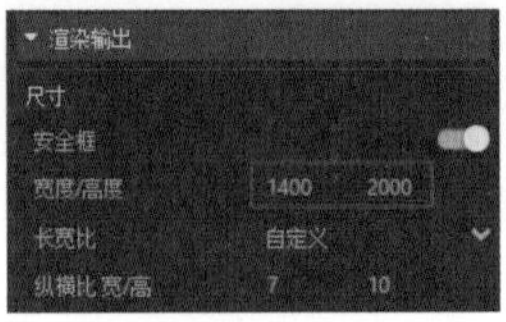

图3-44

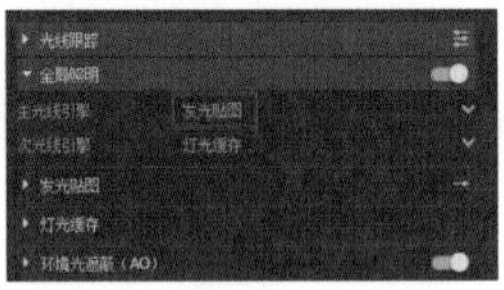

图3-45

05 开启"环境光遮蔽（AO）"，适当减小"半径"值，如图3-46所示。最终渲染结果如图3-47所示。

图3-46

图3-47

第 **4** 章 正午咖啡厅室内表现

扫码观看视频

　　上一章介绍了一种简单的室外表现策略，相信对初学者在室外场景的表现思路上会有一定的启发。本章将以一个室内场景为例，介绍一种较为常用且简单的室内表现策略，让初学者对室内的布灯方法具有一个初步的理解。同时本书将以室外和室内案例穿插的方式讲解如何使用 VRay for SketchUp 制作室内外效果图。

4.1 场景介绍

这是一个咖啡厅的室内场景模型，建模灵感来自Pinterest的参考图。该模型主体虽然比较简单，却不乏细节，模型的边角均做了圆角处理，其中的一些软装模型来自3D Warehouse官方模型库。此例表现的时间为冬季正午，场景制作的重点在于灯光调节和部分材质的制作。

本案例和上一章的案例一样都是全模渲染，其制作流程大致为确定构图—灯光—材质—颜色校正—渲染输出。下面将分别从这几个方面讲解案例的制作过程及关键点。

本案例最终的效果如图4-1所示。

图4-1

4.2 确定构图

打开配套资源中的"案例文件\第4章\正午咖啡厅.skp"场景文件。

模型中已事先准备好了一个视角，此视角选用的是室内效果图表现中较为常用的"一点透视"，并且相机大致位于房间高度方向的中心处，如图4-2所示。由于此案例表现的重点是冬季正午时分的阳光和咖啡厅的会客区，因此本案例将设置图幅比例为纵向、长宽比为3∶4。图4-2所示为开启安全框后的SketchUp视图窗口，安全框外的模型不需要渲染，所以没有细致刻画。

图4-2

4.3 灯光

不同于上一章所述的室外案例，室内表现所要涉及的灯光类型更加广泛，灯光的布置也更加重要，大体可以分为自然光和人工光两种灯光。自然光即来自室外的太阳或天空的光线，人工光包括室内的一些照明光、装饰灯光和补光。

4.3.1 自然光

自然光通常可以分为阳光和天光。本案例表现的是冬季正午的光，为了能够准确把握阳光照射的位置，使用VRay太阳光制作阳光。为了改善室内空间的照明效果，使用面光源来增强天光。

1.阳光

首先需要调整阳光的方向，使阳光可以照射到相机对面的墙面上，可通过调整SketchUp的阴影并配合插件"太阳北极"来控制其方向。

◆ 操作如下

01 将"时间"设置为中午，大概13点左右，将"日期"设置为冬季，此处设置为"12/31"，该数值可自行把控，如图4-3所示。调整后场景阳光效果如图4-4所示。

02 对太阳光进行渲染设置。首先展开"资源管理器"设置面板中的"材质覆盖"卷展栏，如图4-5所示。

图4-3

图4-4

图4-5

03 单击"渲染"按钮 测试渲染，结果如图4-6所示。不出意外地，场景较为昏暗，在前面的章节中提过，一般情况下需要提高相机曝光度来提亮场景。

04 打开"资源管理器"，展开设置画板下的"相机设置"卷展栏，将"曝光值（EV）"减小一些以增强曝光，经过几个数值（14、13.8、13.5）的测试，最后将"曝光值（EV）"设置为13.48，如图4-7所示。测试渲染结果如图4-8所示。

图4-6

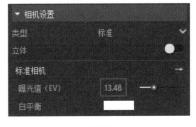

图4-7

05 阳光的效果还不错，但其阴影边缘不够柔和，没有冬日暖阳的感觉，可通过调整太阳尺寸来柔化其阴影边缘。经过几个数值（2、5、10等）的测试，最后将太阳"尺寸"改为8，如图4-9所示。测试渲染结果如图4-10所示。

图4-8

图4-9

技巧与提示

可开启"互动式"渲染边调整数值边查看效果，这样可以有一个比较快速直观的反馈。推荐计算机配置较高的用户使用。

图4-10

2.天光

为了改善室内空间的照明情况，在室内表现中通常会在窗外创建面光源以增强天光效果。

◆ 操作如下

01 旋转视角至窗外，在窗口处创建一个稍大于窗口的面光源，将灯光正面朝向室内，并略微向外移动一些，如图4-11所示。

02 返回视角，打开"资源管理器"，此时会默认打开灯光面板。展开"选项"卷展栏，勾选"不可见"选项，如图4-12所示。

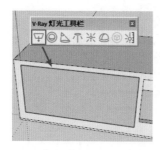

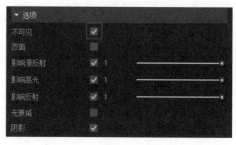

图4-11　　　　　　　　　　　图4-12

技巧与提示

推荐使用前面章节中介绍的创建面光源时的技巧：按住Shift键创建一个面光源，通过鼠标指针移动控制其正面朝向。

---

03 在保持默认强度值为30的情况下，测试渲染结果如图4-13所示。可以看到场景亮度有了些许改变，但天光对场景的影响还不够，还需要增大强度值。

04 同样地，此处也可以使用"互动式"渲染调试强度参数值。最终将强度参数值设置为50，渲染结果如图4-14所示。

图4-13　　　　　　　　　　　图4-14

技巧与提示

以上关于灯光强度等参数的数值仅供参考，以实际情况为准。此例仅为读者提供室内灯光调整的一种思路，读者切勿生搬硬套，要注意灵活应用。

4.3.2 人工光

本案例中的人工光主要用于照亮一些阴影处的模型，突显其材质的质感，增强模型的存在感。为了保证在不破坏场景整体光照的前提下还能适当提亮这些区域，此处采取在每一盏吊灯下创建聚光灯的方式完成。

此处为什么使用聚光灯？

    1.相对于球形灯或点光源，聚光灯的影响范围仅限于一个圆锥体范围，更容易控制。

    2.相对于面光源，聚光灯的参数更加细致，效果更好。

    以上情况并不适用于所有场景，只是在此场景下选用此类型的灯光。

◆ **操作如下**

01 由于建模之初就将吊灯模型设置成了"组件"，因此只需在其中一个吊灯组件内部创建灯光即可。双击吊灯模型进入其组件内部，在吊灯下方单击直接创建一盏聚光灯，尽量让其处于吊灯正下方，如图4-15所示。

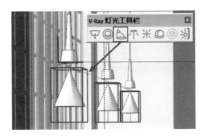

图4-15

02 调试此聚光灯的参数，为了可以更加直观地查看效果，将除此灯光外的所有灯光关闭。将太阳光和面光源关闭，如图4-16所示。

图4-16

03 打开帧缓存窗口，单击顶部工具栏中的"区域渲染"按钮，框选红框区域以便进行单独渲染，如图4-17所示。

图4-17

04 在默认参数下，测试渲染结果如图4-18所示。可以发现灯光不但范围不够大，而且边缘也不够柔和，需要更加细致地调整。

05 将"锥角"值增大以扩大光照范围，将"半影角"值增大以柔化光照边缘，并将"阴影半径"改为0.5，让阴影边缘更柔和，如图4-19所示。

06 测试渲染结果如图4-20所示，虽然光照范围和柔和度有所改善，但这种效果过于理想，不符合实际。因此还需要调整其"衰减方式"。

图4-18

图4-19

图4-20

07 将"衰减方式"改为"平方反比"，这样更符合现实意义。但此时灯光强度不足，可以大胆地提高灯光强度直至达到自己满意的效果，参数设置如图4-21所示。

08 测试渲染结果如图4-22所示。这时发现光照范围有些小，再将其增大一些。

09 将 "锥角" 值增大，具体数值根据实际情况决定。可在开启 "互动式" 渲染模式下拖动滑块微调参数，如图4-23所示。

10 测试渲染结果如图4-24所示，基本达到要求，后期还可以进行更加细致的调整。

11 启用前面关闭的太阳光和面光源，取消使用 "区域渲染"。图像整体测试渲染结果如图4-25所示。

图4-21

图4-22

图4-23

图4-24

图4-25

4.4 材质

　　场景中的灯光已布置、调试完毕，接下来将针对场景中几个重点材质进行讲解。在室内表现中，材质调节所占的比重丝毫不亚于灯光布置，如果说 "光线是灵魂" 的话，那么 "材质将是躯壳"。

　　材质部分将按照由主到次的原则调整，首先调整场景中面积较大的材质，如天花板、地面、墙体等，之后再调整场景中较小物体的材质，如桌面、椅子腿、吊灯等。

　　在调整材质之前，先将之前开启的 "材质覆盖" 关闭。

4.4.1 天花板

　　这一节我们来调整天花板的材质。此材质将基于材质库 "Wallpaint & Wallpaper"（墙面涂料或墙纸）类别中的 "WallPaint_Bumpy_01_Gray_1m" 材质进行调整。

◆ 操作如下

01 用鼠标右键单击材质名称，选择 "在场景中选择物体" 命令，如图4-26所示。

02 将 "WallPaint_Bumpy_01_Gray_1m" 材质拖曳到材质列表中，将此材质应用到原有乳胶漆材质上。按照材质名称上备注的贴图尺寸调整贴图大小，在SketchUp材料面板中将贴图大小修改为1000mm×1000mm，如图4-27所示。

图4-26

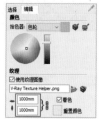

图4-27

03 修改其漫反射颜色，单击"漫反射"的"纹理贴图"按钮，此处使用了一个"混合（运算）"程序纹理，如图4-28所示。单击"纹理A（底部）"的"纹理贴图"按钮，将其颜色调白一些，如图4-29所示。

04 贴图预览效果如图4-30所示。测试渲染结果如图4-31所示，有一种脏旧的质感。

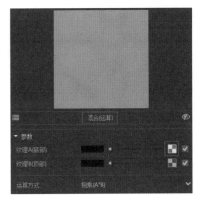

图4-28

图4-29

图4-30

图4-31

4.4.2 地面

接下来开始制作地面材质，此处打算制作黑白棋盘格瓷砖，其大致效果如图4-32所示。仔细观察可以发现，它不仅具有反射光泽，还具有凹凸属性（黑色部分略微凸起）。

图4-32　　　　图4-33

◆ 操作如下

01 新建一个"通用"材质并命名为"地面"，将其赋予地面。然后开始调整其漫反射属性，单击"纹理贴图"按钮，选择右侧"2D纹理"列表中的"棋盘格"程序纹理，保持默认设置即可，如图4-33所示。

疑难问答

为什么应用"棋盘格"材质后贴图会显示异常？

　　SketchUp视图窗口中显示的贴图是"VRay Texture Helper"（VRay贴图助手），用以指代特殊材质的贴图。由于有些程序纹理无法可视化为贴图，因此只需调整视图窗口中这个特殊的贴图的大小即可控制棋盘格的大小，如图4-34所示。

图4-34

02 在SketchUp材料面板中将贴图大小修改为100mm×100mm（此值通过不断测试得到，读者可自行尝试）。渲染测试漫反射效果如图4-35所示，贴图大小大致合理。

03 调整一下反射属性，将"反射颜色"调为白色；稍微降低"反射光泽度"，将其调至0.85左右即可，如图4-36所示。

04 用鼠标右键单击"漫反射"的"纹理贴图"按钮■，选择"拷贝"命令将其复制。展开下方的"贴图"卷展栏，开启凹凸属性，用鼠标右键单击凹凸贴图的"纹理贴图"按钮■，选择"粘贴为复制"命令进行粘贴。单击此按钮进入贴图属性，将"棋盘格"的"颜色A"和"颜色B"调换即可模拟出瓷砖黑色部分凸起的效果，如图4-37所示。默认凹凸数量下的测试渲染结果如图4-38所示，默认数量显然过多。

05 将凹凸数量值改小一些，经过几个值（0.5、0.1、0.05、0.01）的测试，最终将其设置为0.02。测试渲染结果如图4-39所示。

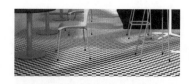

图4-35

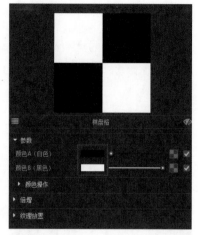

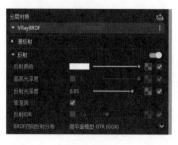

图4-36

图4-37

图4-38　　　　图4-39

4.4.3 白色砖墙

调整图中与相机相对的墙面的材质，因为它是带有凹凸属性的白色砖墙材质，所以只需在凹凸属性中添加一张凹凸贴图即可，如图4-40所示。

展开材质属性下方的"贴图"卷展栏，开启凹凸属性，单击其"纹理贴图"按钮■，添加一张配套资源中对应章节"贴图"文件夹中的凹凸贴图——"White_Brick_Bump.jpg"，如图4-41所示。将凹凸的数量值减小一些，改为0.5或更小。

图4-40　　　　　　　　图4-41

> **技巧与提示**
>
> 由于此材质距离相机位置较远，因此不必使用置换属性。

4.4.4 黑色砖墙

使用"油漆桶"工具 ✎ 拾取此处的黑色砖墙材质，如图4-42所示。该材质既有一定的反射光泽，也有一定的凹凸属性，因而只需调整其反射及凹凸属性即可。

◆ **操作如下**

01 将"反射颜色"调为白色，将"反射光泽度"调至0.7左右。

02 展开材质属性下方的"贴图"卷展栏，开启凹凸属性，单击其"纹理贴图"按钮■，添加一张配套资源中对应章节

"贴图"文件夹中的凹凸贴图——"Black_Brick_Bump.jpg",如图4-43所示。

03 保持默认的贴图大小及凹凸数量,测试渲染结果如图4-44所示。不难发现此时贴图尺寸过小,需要修改贴图的大小。

04 将贴图尺寸改为1000mm×1200mm,如图4-45所示。测试渲染结果如图4-46所示,发现凹凸的程度太深,需要减少凹凸数量。

05 经过多个值(0.5、0.2、0.1)的测试,最终将数量值改为0.1。测试渲染结果如图4-47所示。

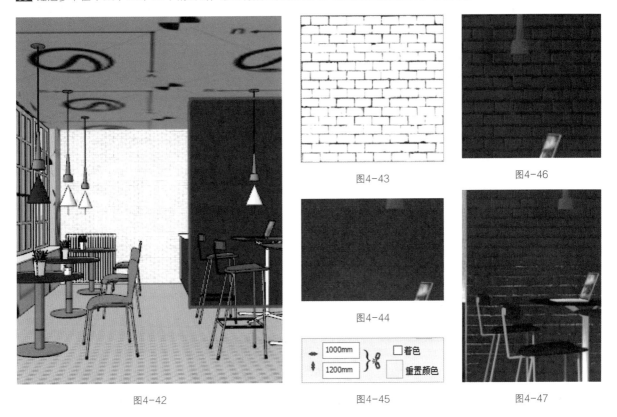

图4-42

图4-43

图4-46

图4-44

图4-45

图4-47

4.4.5 其他材质

面积大的几种材质已经大体调整完毕,接下来开始调整一些次要的、面积较小的材质。

1.白漆金属

此材质在场景中被应用于暖气管和右侧吧桌,如图4-48所示的红色区域,只需拾取其中任意模型表面即可。

此材质是一种刷上白漆的金属材质,表面较为光滑。将其"反射颜色"调为白色,再将"反射光泽度"改为0.8左右,即可拥有一种模糊反射的质感。

图4-48

2.黑漆桌面

拾取左侧咖啡桌桌面的材质，此材质是一种表面较为光滑的黑漆木料材质，只需将其"反射颜色"调为白色，"反射光泽度"调至0.75左右即可。

3.木料

本场景中共有两种木料材质，分别应用于左侧和右侧的桌、椅表面。可直接使用VRay材质库"Wood & Laminate"（木材与复合板）类别中的木料材质，其中左侧的木料材质使用"Laminate B01 120cm"，右侧的木料材质使用"Laminate A01 120cm"，如图4-49所示。

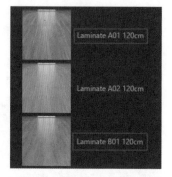

图4-49

4.花盆

拾取场景左侧咖啡桌上的花盆模型，此处将其材质调整为白色陶瓷，只需将"反射颜色"调为白色，将"反射光泽度"降低至0.95左右即可。

5.吊灯

吊灯模型由两种材质组成：电线和灯壳。其中电线材质只需让其具有反射属性和一定的反射光泽即可，此处不再详细叙述。灯壳材质应是一种黄色的金属，因而只需按照常用金属调法制作即可。

◆ 操作如下

01 将"漫反射"颜色调为黑色，将"反射颜色"修改为暗黄色（159,137,82），如图4-50所示，同时将该颜色的饱和度降低一些。

02 将"反射光泽度"适当降低一些，调至0.6左右即可。勾选"反射IOR"选项，将"反射IOR"调至20左右。测试渲染结果如图4-51所示。

图4-50

图4-51

6.椅子腿

拾取场景中任意一把椅子的椅子腿，然后将其材质调整为不锈钢金属材质。同样地，将其"漫反射"颜色改为黑色。将"反射颜色"改为灰色，将"反射光泽度"改为0.95左右。勾选"反射IOR"选项，将"反射IOR"调至20左右。测试渲染结果如图4-52所示。

图4-52

7.窗框

拾取窗框材质，这是一种类似白漆木料的材质，只需将"反射颜色"调为白色，"反射光泽度"调至0.75左右即可。

材质部分大体上已经完成，整体测试渲染结果如图4-53所示。

图4-53

4.5 颜色校正

目前的渲染结果虽然在"材质覆盖"下的观感还不错，但是关闭"材质覆盖"的渲染结果往往会因为贴图的颜色而与预期大相径庭。这并不是渲染的方法有问题，而是从VFS 3.6开始关于"颜色映射"的渲染选项已经被删除了，无法通过切换"颜色映射"模式来改善场景的色彩效果。因而在全模渲染中，通常会使用帧缓存窗口的"颜色校正"功能。

本案例的颜色校正环节包括曝光度、色相/饱和度、颜色平衡和曲线4个方面。

首先单击帧缓存窗口底部工具栏中的 ■ 按钮打开"颜色校正"面板。

4.5.1 曝光度

勾选"曝光度"选项开启曝光度校正。提高曝光度值以提亮场景，减小曝光过度值以缓和图像中过曝的区域，增加对比度值以改善因曝光过度值增大而造成的图像发灰问题。图4-54所示为各参数的具体数值，此处仅供参考。

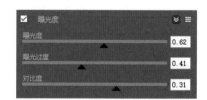

图4-54

4.5.2 色相/饱和度

此处只需调整图像的饱和度，将饱和度值略微提高，此值越大图像颜色越鲜艳，如图4-55所示。过高的饱和度会使画面显得扎眼。

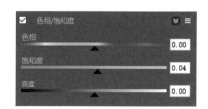

图4-55

4.5.3 颜色平衡

颜色平衡可以矫正图像的偏色问题，但这有一定的个人主观性，因为每个人对色彩的感受是不同的，此处的调法仅供参考。将图像调整得偏青、偏绿一些，以矫正图像偏红的情况，略微给图像添加一点蓝色倾向，如图4-56所示。

调整到目前为止，图像效果如图4-57所示，可以看到，还有可继续调整的余地。

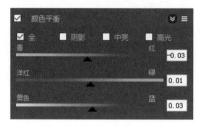

图4-56

图4-57

4.5.4 曲线

曲线是后期处理中最为常用的工具之一，在明暗调整方面十分常用。

选中左下角的控制点，然后拖动控制手柄将曲线向下压一些，以提升暗部细节、增强对比度，如图4-58所示。

使用同样的方法，选中右上角的控制点，然后拖动控制手柄将曲线向上抬一些，以提亮图像的亮部，如图4-59所示。

完成上述4个方面的颜色校正后，图像效果如图4-60所示。

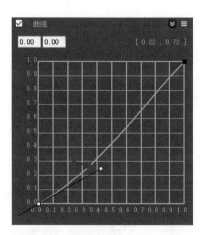

图4-58

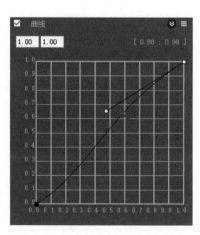

图4-59

图4-60

4.6 渲染输出

此部分主要包括3个方面，一是替换外景图像，二是调整渲染参数，三是查看渲染结果。

4.6.1 替换外景图像

在"2.6.3 渲染输出"一节的"技术专题：使用环境设置替换天空背景"中已详细介绍过替换图像背景的方法，此处就来实践一下。

◆ 操作如下

01 打开"资源管理器"的设置面板，展开"环境设置"卷展栏，用鼠标右键单击"背景"的"纹理贴图"按钮■，选择"拷贝"命令。

02 单击"背景"的"纹理贴图"按钮■进入贴图选项，单击"列表"按钮■展开纹理列表，如图4-61所示。单击"位图"将纹理贴图改为位图模式，调用配套资源中对应章节"贴图"文件夹中的"外景.jpg"贴图。

03 展开"纹理布置"选项，将"类型"改为"环境设置"，将"映射类型"改为"屏幕"，如图4-62所示，这样才可以正常显示外景图像。

04 返回设置面板，展开"背景"下方的"环境覆盖"选项，勾选"GI（天光）""反射""折射"选项，将刚才复制的原始背景纹理分别粘贴到这3个选项中，如图4-63所示。

05 直接渲染的结果如图4-64所示。不难发现虽然光照是正确的，但窗外还是一片漆黑，此处需要提升背景贴图的亮度。

06 经过多个数值的不断调试，最终设置贴图强度为50，测试渲染结果如图4-65所示。

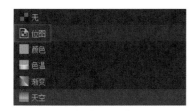

图4-61

图4-63

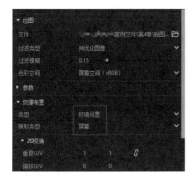

图4-62

图4-64

图4-65

4.6.2 调整渲染参数

下面介绍渲染参数的设置方法。

◆ 操作如下

01 展开"渲染设置"卷展栏，关闭"渐进式"渲染，将"质量"调为"高"，再开启"去噪点过滤"，如图4-66所示。

02 展开"相机设置"卷展栏，添加些许"渐晕"效果。展开下方的"效果"，将"渐晕"值修改为1，如图4-67所示。尽量按照自己的需求调整此值，此处的数值仅供参考。

03 展开"渲染输出"卷展栏，确定图幅尺寸，将"宽度/高度"设置为1500：2000，如图4-68所示。

04 展开右侧扩展面板中的"全局照明"卷展栏，将"主光线引擎"改为"发光贴图"，以加快渲染速度，如图4-69所示。

05 开启下方的"环境光遮蔽（AO）"，略微降低"半径"和"遮蔽量"参数值，如图4-70所示。

06 展开"渲染元素"卷展栏，修改"去噪点过滤"的程度。将"去噪点过滤"的"预设"改为"轻微"，如图4-71所示。

图4-66

图4-67

图4-68

图4-69

图4-70

图4-71

4.6.3 查看渲染结果

最终渲染结果如图4-72所示。

图4-72

第 **5** 章

Kowalewski
住宅日景表现

扫码观看视频

本章将继续介绍另一种常用的室外表现策略——使用"穹顶灯"配合 HDRI 环境贴图的方法进行环境照明。本章将详细介绍这种照明思路，让初学者不仅掌握其用法，而且能在日常的项目中加以实践应用。

5.1 场景介绍

Kowalewski（科瓦列夫斯基）住宅由贝尔蒙特·弗里曼建筑师事务所设计建造。Kowalewski住宅属于现代建筑风格，同时也尊重住宅区里的老住宅的规模和建筑传统。其正视图如图5-1所示。

本场景中的建筑模型仿照Kowalewski住宅及其周边环境搭建，如图5-2所示。本章将以此场景为例介绍使用HDRI环境贴图照明的室外表现策略。本案例的制作流程：确定构图—灯光—材质—特殊物体—颜色校正—渲染输出。下面将分别从这几个方面讲解案例的制作过程及关键点。

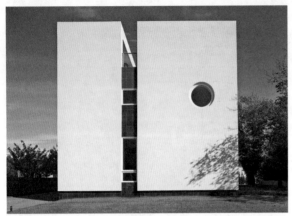
图5-1

图5-2

5.2 确定构图

打开配套资源中的"案例文件\第5章\Kowalewski住宅.skp"场景文件。

本案例所要表达的重点是建筑的正面，因此场景模型为"一点透视"的视角，且视角较低，能够完整地表现出建筑正面的设计，但此视角的构图还需斟酌。

5.2.1 比例

首先需要确定图幅的比例，以便更加细致地调整构图。此处选用近似黄金分割比的图幅比例——1∶0.618，读者还可根据个人喜好自行设定。

打开"资源管理器"的设置面板，展开"渲染输出"卷展栏，开启"安全框"，将"长宽比"修改为"自定义"模式，将"纵横比宽/高"设置为1∶0.618，如图5-3所示。

图5-3

5.2.2 构图

此处使用表现建筑常用的中心构图法，将建筑主体放置于视角中心位置。使用SketchUp的"抓手"工具 ✋ 将建筑模型置于场景中心位置，再使用"缩放"工具 🔍 将其缩放，达到一个自己满意的状态就可以。用鼠标右键单击"场景号1"，选择"更新"命令，保存当前视图，如图5-4所示。

最终构图效果如图5-5所示。

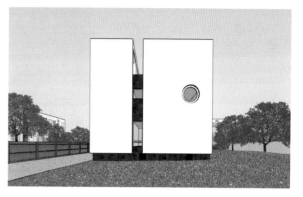

图5-4 图5-5

5.3 灯光

在一般的室外日景表现中，通常只需创建或调整环境照明。在前面的章节中已经介绍过一种常见的室外照明思路（VRay太阳光和VRay天空光），本案例将使用"穹顶灯"配合HDRI环境贴图的方法进行环境照明。

5.3.1 准备工作

在创建灯光之前，首先需要关闭默认开启的VRay太阳光和VRay天空光（默认光照系统）。

◆ **操作如下**

01 打开"资源管理器"的灯光面板，单击太阳光按钮 ⬢ 以关闭太阳光，如图5-6所示。

图5-6

02 单击齿轮按钮 ⚙ 进入"资源管理器"的设置面板，展开"环境设置"卷展栏，取消勾选"背景"选项即可禁用VRay天空纹理，如图5-7所示。

图5-7

5.3.2 创建穹顶灯

下面介绍穹顶灯的创建方法。

◆ **操作如下**

01 单击灯光工具栏中的"穹顶灯"按钮 ◎，在场景中的任意位置单击以创建灯光。

技巧与提示

在单击创建前先按住键盘上的Ctrl键，单击创建后可直接添加HDRI环境贴图。

02 打开"资源管理器"的灯光面板，选中创建好的"VRay Dome Light"，单击"颜色/材质纹理 HDR"的"纹理贴图"按钮 ■，单击文件后的"打开"按钮 ■，选择配套资源中"案例文件\第5章\贴图\1236 Clear Winter Sky.hdr"这张HDRI环境贴图[该HDRI环境贴图来自彼得·格思里（Peter Guthrie）]。此贴图的预览效果如图5-8所示。

图5-8

疑难问答

彼得·格思里是何许人也？

　　彼得·格思里（Peter Guthrie）致力于研究与发展建筑可视化，并愿意通过博客与业内人员分享知识，是建筑可视化领域的专家。他的HDRI天空被认为是最佳的图像基础照明解决方案之一。

5.3.3 调节灯光

　　灯光创建完成以后就需要针对渲染结果对灯光属性进行调整，以使其适用于此场景，因此需要开始测试渲染。此处开启了"材质覆盖"效果以预览灯光效果。

◆ **操作如下**

01 打开"资源管理器"的设置面板，开启"材质覆盖"选项。单击"渲染"按钮 ↻ 查看原始效果，如图5-9所示。此时的阴影方向不是想要的效果，因此需要旋转HDRI贴图的方向。

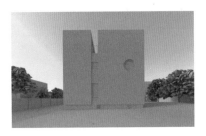

图5-9

技巧与提示

　　推荐使用"互动式"渲染，这样可以更加直观地观察参数变化后的渲染结果。

02 从VFS 3.0开始，穹顶灯可以通过直接旋转模型来旋转HDRI贴图的光照方向，只需在灯光属性面板中开启"使用旋转方向"即可，如图5-10所示。根据前面章节所学的基础知识，对大多数HDRI贴图来说，模型箭头指向的方向就是阴影的方向。

图5-10

技巧与提示

穹顶灯的使用技巧

　　穹顶灯是一种没有体积的灯光，因此不论将其缩放至何种程度都不会影响到渲染结果。如果穹顶灯在创建时较小，可使用"缩放"工具 ■ 将其放大一些以便于查看灯光方向，如图5-11所示。

图5-11

03 旋转灯光方向至图5-12所示的阴影方向（逆时针旋转141°左右），将右侧的树的阴影投射在建筑右下角。

04 图5-12所示的阴影太过柔和，阳光的感觉也不够明显。为了解决这种问题，通常会采取在HDRI贴图太阳对应的方向上创建一个点光源来模拟太阳的方式。但这样很难控制好灯光的位置、强度和色温以匹配HDRI贴图，并且错误的匹配会破坏原有HDRI贴图的光照氛围。因而此处我们使用直接调整HDRI贴图的"伽马值"的方法来解决问题，避免了匹配灯光的麻烦。

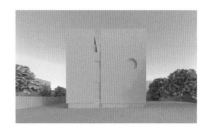

图5-12

疑难问答

"伽马值"是什么？

　　伽马值（Gamma）是表示图像输出值与输入值关系的斜线。此处的"伽马值"可以简单理解为与阴影锐利/柔和程度有关的数值，"伽马值"越小于1，阴影越锐利；"伽马值"越大于1，阴影就越柔和。减小这个数值能得到明暗对比强烈的效果，增大这个数值会使场景显得灰白。

---

05 单击"穹顶灯"的"纹理贴图"按钮■，进入贴图属性面板，将"色彩空间"改为"自定义伽马值"，如图5-13所示。

图5-13

技巧与提示

　　默认状态下"渲染空间（线性）"色彩空间的"伽马值"为1。

06 根据此场景的需求，此处应将"伽马值"改为小于1的数值，对于来自彼得·格思里的天空，该参数值设置在0.7到0.85之间为宜，还需调整"穹顶灯"的强度或曝光参数来平衡场景亮度。通过几个值（0.7、0.75、0.8）的对比测试，此处将"伽马值"改为0.75，将灯光强度设置为0.3（或将场景曝光度改为16）。渲染结果如图5-14所示。

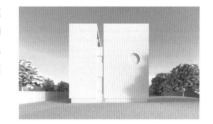

图5-14

5.3.4 替换天空

　　灯光属性调整完成后，下面我们来替换天空。

◆ 操作如下

01 想要替换掉原有的天空背景，首先应在"选项"卷展栏中勾选"不可见"选项，如图5-15所示。渲染结果如图5-16所示。

02 打开"资源管理器"的设置面板，单击"环境设置"卷展栏下"背景"的"纹理贴图"按钮■，单击"列表"按钮■将贴图类型改为"位图"，选择配套资源中"案例文件\第5章\贴图\vp_sky_v1_024.jpg"这张天空背景。

图5-15

图5-16

03 展开"纹理布置"卷展栏，将"类型"改为"环境设置"，将"映射类型"改为"屏幕"，从而将贴图正确地显示出来，如图5-17所示。

04 将背景的强度提高一些，以免渲染出来一片漆黑。经过几次值的试验，此处将强度值改为50，测试渲染结果如图5-18所示（如果调节灯光时没有修改强度值，而是修改了曝光度值，那么此处的背景强度值为50就有些偏小）。

图5-17

图5-18

05 在图5-18所示的渲染结果中，天空背景贴图的比例有问题。进入贴图属性面板，展开"参数"卷展栏下的"裁剪/布置"选项，将"布置"改为"裁剪"，将"宽度/高度"调小到0.7，如图5-19所示。测试渲染结果如图5-20所示。

图5-19

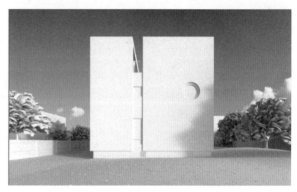

图5-20

5.4 材质

　　场景中的灯光已布置、调试完毕，接下来将针对场景中几个重点材质进行讲解。材质调整依然按照由主到次的原则调整，首先制作场景中面积较大的材质，如墙面、草地、路面等；然后调整场景中较小物体的材质，如玻璃、瓷砖、栏杆等。

　　在调整材质之前，首先应将"材质覆盖"关闭。

5.4.1 墙面

　　墙面部分在图像中占比较高，应是一种表面粗糙的白墙材质。使用自带材质库中的墙面材质并按照实际需求修改，是一种较为快速简洁的方式。

◆ 操作如下

01 找到材质库"WallPaint & Wallpaper"类别中的"Stucco A01 50cm"材质，将其拖曳至材质列表中。将原"白墙"材质替换掉。

02 修改材质的颜色。单击材质"漫反射"的"纹理贴图"按钮 ▇，不难发现此材质只是用了一张墙面贴图作为漫反射，因而只需在它之上添加一个"色彩校正"程序纹理即可调节颜色，如图5-21所示。

03 回到材质面板，用鼠标右键单击"纹理贴图"按钮 🔲，选择"拷贝"命令复制该贴图，如图5-22所示。进入贴图属性面板，单击"列表"按钮 🔳 将贴图类型改为"实用"-"色彩校正"，将复制好的贴图粘贴给"色彩校正"贴图"颜色/输入"的"纹理贴图"按钮 🔲。

04 将"饱和度"调至最低，使图像变为黑白，再调整"亮度"和"对比度"控制贴图颜色的深浅，使其大致接近"材质覆盖"的中灰色即可，如图5-23所示。

05 将贴图大小修改至2000mm×2000mm，如图5-24所示。

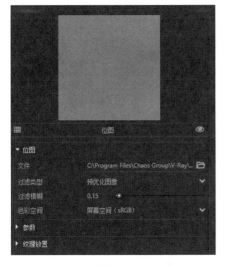

图5-21

图5-22

图5-23

图5-24

5.4.2 草地

草地材质直接使用材质库"Ground"类别中的"Grass_C_200cm"材质即可，该材质具有一定的反射光泽，可直接用于创建毛发物体。材质预览效果如图5-25所示。

图5-25

技巧与提示

需注意贴图大小。按照材质名称的提示，应将该贴图大小设置为2000mm×2000mm。

5.4.3 路面

吸取左侧路面的材质，此材质应是一种沥青材质，可直接使用材质库"Ground"类别中的材质，此处使用材质"Asphalt_B01_100cm"。根据材质名称的提示，将贴图大小设置为1000mm×1000mm。

5.4.4 玻璃

在调整玻璃材质之前，首先需要确定所要渲染的玻璃模型是否具有厚度。玻璃材质应具备两种特质，一是可以透光，二是具有反射，因此玻璃不仅需要可以透光，还需要具有一定的反射背景。在渲染时通常会在玻璃模型的对面放置一些可供反射的物体，如树木模型、外景贴图等，如图5-26所示。本案例中，我们在场景模型的对面放置了一张外景贴图作为反射背景。

图5-26

◆ **操作如下**

01 开始调整材质。将"反射颜色"设置为白色，将"折射颜色"也调为白色。为了增强反射，勾选"反射IOR"选项，将IOR值由1.6改为2。测试渲染结果如图5-27所示，可以看到反射背景不够亮。

02 可在反射背景的材质上添加一个发光层，增强其亮度。吸取场景中的反射背景贴图，在材质面板中单击右上角的加号按钮 📷 ，添加一个"自发光"材质，如图5-28所示。

03 将漫反射贴图拖曳至自发光的颜色贴图中以复制贴图，如图5-29所示。适当修改强度值，直到玻璃上出现较为明亮的反射效果为止。测试渲染结果如图5-30所示。

图5-27

图5-28

图5-29

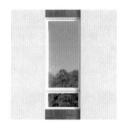
图5-30

5.4.5 黑色瓷砖

吸取建筑表面的黑色瓷砖材质，这是一种表面具有一定光泽度和凹凸属性的材质。将"反射颜色"调成白色，将"反射光泽度"改为0.6。切换到材质面板的"快速设置"选项卡，将"漫反射颜色"的贴图拖曳到"凹凸度"的贴图中，并将其勾选，再适当降低凹凸度，如图5-31所示。

材质渲染效果如图5-32所示。

图5-31

图5-32

5.4.6 其他材质

吸取建筑上方的栏杆材质,这是一种类似白漆金属的材质,需在材质属性中为其设置一个白色的反射和值为0.8或0.75左右的反射光泽度。吸取建筑下方通风口的材质,此材质可以设置为黑漆金属或者黑色金属。

此场景中材质较少并且调整也较为简单,场景整体材质的测试渲染结果如图5-33所示。

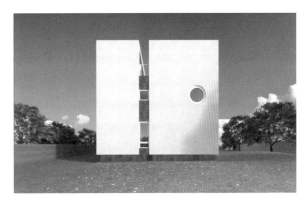

图5-33

5.5 特殊物体

为了更好地表现出草的真实质感,此处使用VRay毛发来进行模拟。

◆ **操作如下**

01 选中建筑前的草地模型,单击物体工具栏中的"毛发"按钮 🔥 即可完成VRay毛发的创建。

02 滚动鼠标中键放大视图至一小块地面,打开"资源管理器"的物体面板。先使用默认参数测试渲染,渲染结果如图5-34所示,可以看到"草"的分布过于稀疏,长度有一些短,其参数还需细致调整。

03 将参数"计数(区域)"的值增大一些以增大密度,将"长度"值也增大一些。最后设置"计数(区域)"值为1.1、"长度"值为5、"粗细"值为0.2、"弯曲"值为0.4(数值仅供参考),如图5-35所示。测试渲染结果如图5-36所示。

04 图像的整体渲染效果如图5-37所示。

图5-34

图5-35

图5-36

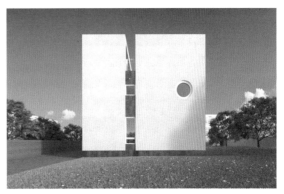

图5-37

5.6 颜色校正

相信有了前面两章的经验，颜色校正这一环节的重要性已经不言而喻了。本案例的颜色校正主要包括曝光度、白平衡、色相/饱和度、曲线4个部分。

首先单击帧缓存窗口底部工具栏中的■按钮打开"颜色校正"面板。

5.6.1 曝光度

勾选"曝光度"选项开启曝光度校正。提高曝光度值以提亮场景，减小曝光过度值以缓和图像中过曝的区域，增加对比度值以改善因曝光过度值增大而造成的图像发灰问题。图5-38所示为各参数的具体数值，此处仅供参考。校正后的效果如图5-39所示。

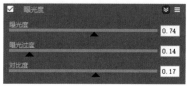

图5-38

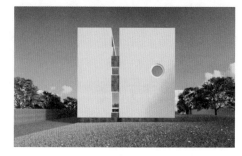

图5-39

5.6.2 白平衡

可适当增大色温值以表现太阳光的暖意，校正后的效果如图5-40所示。

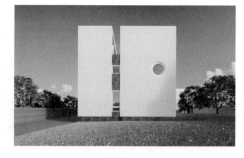

图5-40

5.6.3 色相/饱和度

此处只需调整图像的饱和度。将色相值调高一点，增加天空中的蓝色；将饱和度值提高一些；将亮度值增大一些，以提亮绿色，如图5-41所示。校正后的效果如图5-42所示。

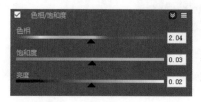

图5-41

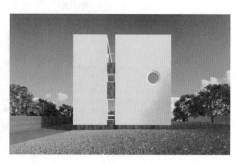

图5-42

5.6.4 曲线

目前场景整体还有一些暗，可通过调整曲线来增加明度。将曲线略微向上抬一些，如图5-43所示。颜色校正的最终效果如图5-44所示。

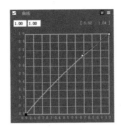

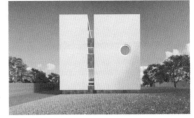

图5-43 图5-44

5.7 渲染输出

渲染输出是渲染工作中的最后一步，也是相当重要的一步，其中渲染设置尤为重要。如何设置合适的渲染参数是设计师不断追求的目标。

5.7.1 渲染参数

下面介绍渲染参数的设置方法。

◆ 操作如下

01 展开"渲染设置"卷展栏。关闭"渐进式"渲染，将"质量"调为"高"，开启"去噪点过滤"，如图5-45所示。

02 展开"渲染输出"卷展栏，确定图幅尺寸，将图幅"宽度/高度"设置为2700：1669，如图5-46所示。

03 展开右侧扩展面板中的"全局照明"卷展栏，将"主光线引擎"改为"发光贴图"，如图5-47所示，以加快渲染速度。

04 开启下方的"环境光遮蔽（AO）"，略微降低"半径"和"遮蔽量"，如图5-48所示。

05 展开"渲染元素"卷展栏，修改"去噪点过滤"的程度。将"去噪点过滤"的"预设"改为"轻微"，如图5-49所示。

图5-45 图5-46 图5-47 图5-48 图5-49

5.7.2 渲染结果

图像最终渲染用时34分23.3秒（具体用时取决于用户个人的计算机配置和运行环境，后同），如图5-50所示。最终图像效果如图5-51所示。

图5-50 图5-51

1044

第6章 北欧风格室内阴天表现

扫码观看视频

上一章中介绍了"穹顶灯"和HDRI环境贴图在室外照明中的应用，本章将通过一个阴天环境正午时分的北欧风格室内表现案例介绍其在室内照明中的应用，并详细讲解此应用的具体表现策略。

6.1 场景介绍

本场景是一个北欧风格的室内场景，其中的主体模型虽简单却不乏细节，如图6-1所示。模型的边角均做了圆角处理，地板使用了建模处理使其更加真实，其他一些精细的物件均来自SketchUp官方模型库——3D Warehouse。

此例表现的时间为阴天正午，重点是灯光调节，其中自然光的调节尤为重要。本案例的制作流程大致为确定构图—灯光—材质—颜色校正—渲染输出—后期处理。

下面将分别从这几个方面讲解案例的制作过程及关键点。

图6-1

6.2 确定构图

打开配套资源中的"案例文件\第6章\北欧风格室内.skp"场景文件。

本案例所要表达的重点是室内的一侧，因此场景模型中大致调整了一个类似"一点透视"的视角，但还需仔细推敲细化。

6.2.1 比例

首先需要确定图幅的比例，以便更加细致地调整构图。本案例将使用常用的4：3图幅比例，读者可根据自身喜好设定图幅比例。

打开"资源管理器"的设置面板，展开其"渲染输出"卷展栏，先开启"安全框"，将"长宽比"修改为"4：3-照片"模式，如图6-2所示。

图6-2

6.2.2 构图

此处使用近似"三分法构图"的构图方式，左侧桌面在一条三分线上，场景主要物件位于画面横竖分割线的交叉点处，如图6-3所示。可使用SketchUp的"抓手"工具 ✋ 移动视角，使用"缩放"工具 🔍 缩放视角。

用鼠标右键单击"场景号1"，选择"更新"命令，保存当前视图，如图6-4所示。

图6-3   图6-4

6.3 灯光

    由于本例想要表现的是阴天效果，因此自然光是灯光的主要部分，可以分为太阳光（用"穹顶灯"照明）和天光（用"面光源"增强天光）。

6.3.1 准备工作

    在创建灯光之前，首先需要关闭默认开启的VRay太阳光和VRay天空光（默认光照系统）。

◆ **操作如下**

01 打开"资源管理器"的灯光面板，单击太阳光按钮 以关闭太阳光，如图6-5所示。

02 单击齿轮按钮 进入"资源管理器"的设置面板，展开"环境设置"卷展栏，取消勾选"背景"选项即可禁用VRay天空纹理，如图6-6所示。

03 单击开启下方的"材质覆盖"，如图6-7所示。

图6-5   图6-6   图6-7

6.3.2 穹顶灯

    下面介绍穹顶灯的创建方法。

◆ **操作如下**

01 单击灯光工具栏中的"穹顶灯"按钮 ，在场景中的任意位置单击以创建灯光。

02 打开"资源管理器"的灯光面板，选中创建好的"VRay Dome Light"，单击"颜色/材质纹理 HDR"的"纹理贴图"按钮■，单击文件后的"打开"按钮🖿，选择配套资源中"案例文件\第6章\贴图\1044 Overcast Sun.hdr"这张HDRI环境贴图（此HDRI环境贴图同样来自彼得·格思里）。此贴图的预览效果如图6-8所示。

03 灯光创建完毕后，需要通过对场景进行渲染测试以针对其结果调整参数。测试渲染结果如图6-9所示，可以看到场景显得特别昏暗，需要增强灯光强度，改变光照方向。

图6-8

图6-9

技巧与提示

推荐使用"互动式"渲染，这样可以快速得出需要的参数数值。

04 打开灯光属性面板，将强度增强一些，并且开启下方的"使用旋转方向"，以便可直接使用"旋转"工具 🔄 改变光照方向，如图6-10所示。

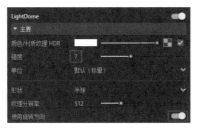

图6-10

技巧与提示

在调节强度时，可先大胆给出一个值，然后不断测试，最终得出一个合适的数值。

05 使用"旋转"工具 🔄 将穹顶灯模型以圆心为中心逆时针旋转23°左右，如图6-11所示。测试渲染结果如图6-12所示。

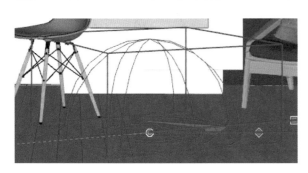

图6-11

图6-12

06 由于本例所要表现的是阴天，因此需要柔和一些的阴影。从上一章可知，使用调整HDRI贴图的"伽马值"的方法可以调整阴影的锐利程度。单击"穹顶灯"的"纹理贴图"按钮■进入贴图属性面板，将"色彩空间"改为"自定义伽马值"。根据本例的需求，此处的"伽马值"应大于1，经过多个值的测试，最终设置"伽马值"为1.4，如图6-13所示。

图6-13

07 此时测试渲染结果如图6-14所示。"伽马值"的增大使场景的亮度在一定程度上被削弱，所以还需增强灯光的强度值。

08 通过不断调整数值及配合"互动式"渲染，最终得出一个较为合适的值——15。测试渲染结果如图6-15所示。

技巧与提示

从上一章可知，"伽马值"越小于1，阴影越锐利；"伽马值"越大于1，阴影就越柔和。

图6-14

图6-15

6.3.3 面光源

由于该场景是阴天，光线会在云层中相互反弹，这时候应该有一个不同于太阳光并且从室外进入的均匀天光给窗口增添一些曝光。这里使用一个面光源来增强天光。

◆ **操作如下**

01 使用鼠标中键旋转视角，在窗口处创建一个面光源，将其正面朝向室内，并将这盏灯适当向外移动一些距离，如图6-16所示。

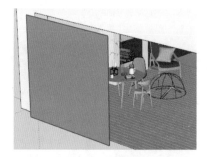

图6-16

技巧与提示

推荐使用Shift键加单击的方法创建面光源，这样可以更加便捷地切换灯光方向。

02 打开灯光属性面板，展开这盏面光源的"选项"卷展栏，勾选"不可见"选项，避免其影响"穹顶灯"的光照。测试渲染结果如图6-17所示，可以看到默认的强度值30显然不够。

03 通过几个值的测试，最终确定灯光的强度值为200。

测试渲染结果如图6-18所示。

细心的读者可以观察到，椅子腿处隐约有两道柔和的阴影，如图6-19所示，说明细节已经处理到位。

图6-17

图6-18

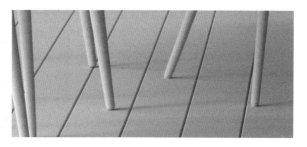

图6-19

6.4 材质

　　场景中的灯光已经调节完成，下面将针对场景中几个重点材质进行讲解。材质调整依然按照由主到次的原则进行，首先制作场景中面积较大的材质，如墙面、地板等；然后调整场景中较小的物体的材质，如椅子、玻璃、灯泡等。

　　在调整材质之前，首先应将"材质覆盖"关闭。

6.4.1 墙面

　　本场景的墙面由两个部分组成，即左侧白色墙面和右侧的黑色墙面。此处想要将它们调节成亚光乳胶漆的材质。

　　首先来调整白色墙面材质。此处一定要注意漫反射颜色不能是白色。在反射属性中将反射颜色调为白色，将"反射光泽度"设置为0.5以下的值，如0.3，如图6-20所示。

图6-20

接着调整黑色墙面材质。调整方法与上述相同，但需要注意漫反射颜色不能为黑色，因为这样不仅有违物理现实，还会对场景照明产生影响。

6.4.2 地板

为了更加真实地表现场景，本场景中的地板是通过真实建模的方式来呈现的，共使用了3张地板贴图，创建了3种地板材质并进行了随机赋予。此处仅以其中一个为例进行讲解，其他地板材质可以此类推。此处需要达到的效果是粗糙有纹理的质感，因此给材质添加一张凹凸贴图即可。

在材质面板的"快速设置"中，按住"漫反射颜色"的"纹理贴图"按钮 ▣ 不放，将其拖曳到"凹凸度"的"纹理贴图"按钮 ▣ 上，并勾选"凹凸度"选项，直接调用漫反射贴图作为凹凸贴图使用，如图6-21所示。

此时的凹凸强度显然过大了，需要将其调小一些。经过多次测试，最终确定参数值为0.1，测试渲染结果如图6-22所示。

图6-21   图6-22

6.4.3 家具

接下来开始调整家具的材质（椅子、桌子等），从左往右依次调整家具中所涉及的材质。

◆ 操作如下

01 首先调整桌面木料材质（此材质还赋予了左侧两把椅子）。此材质是一种抛光木板材质，属于有反射无纹路的木料，所以此处需要为其添加反射效果。将反射颜色调为白色，将"反射光泽度"改为0.75，如图6-23所示。

02 拾取此椅子表面的材质，如图6-24所示，它是淡绿色漆面的木料材质，表面也应是抛光的，因此只需执行上一步操作。

03 拾取图中的椅子靠背的材质，如图6-25所示，此处应该是深绿色塑料材质。将反射颜色调为白色，将"反射光泽度"改为0.8左右，如图6-26所示。

04 拾取这把椅子下方的黑漆金属材质，此材质应该具有反射属性和一定的反射模糊。将反射颜色改为白色，将"反射光泽度"改为0.85左右。

05 调整最右侧椅子木料材质的方法与操作01中桌面材质的调整相似。

06 拾取椅子的坐垫材质，可直接使用材质库"Fabric"类

图6-23   图6-24

别中的"Fabric F01 40cm"材质。材质替换方法在之前章节中已经详细讲解过。此处还需注意贴图大小问题，将该贴图大小改为400mm×400mm，如图6-27所示。

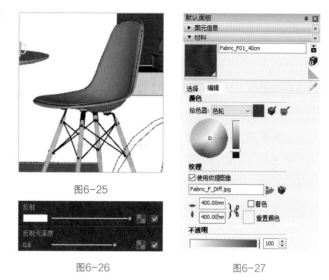

图6-25

图6-26　　　　　　　　　图6-27

6.4.4　叶子

接下来将针对一些重要材质（如叶片）进行讲解。

◆ **操作如下**

01 拾取盆栽的叶片材质。从第2章中了解到，通常调整叶片材质需要使用"双面材质"。展开SketchUp的材料面板，此时叶片贴图的尺寸为25mm×25mm，如图6-28所示。

02 打开材质编辑面板，叶片本身是具有反射属性的，将反射颜色调为白色，将"反射光泽度"调至0.6左右。

图6-28

03 用鼠标右键单击"叶片"材质，选择"在场景中选择物体"命令全选材质以便替换，如图6-29所示。

04 单击 按钮新建一个"双面材质"并命名为"叶片-双面"。将"正面材质"设置为"叶片"材质，如图6-30所示。

05 用鼠标右键单击材质名称，选择"将材质应用到选择物体"命令。然后需要调整贴图的大小以契合模型，将贴图尺寸改为25mm×25mm，如图6-31所示。

图6-29

图6-30

图6-31

6.4.5　吊灯

下面分灯罩、灯丝和金属3个部分来讲解吊灯材质的实现。

1.灯罩

灯罩材质在本案例中较为特殊，由于模型是单面玻璃，默认的"VRayBRDF"材质难以计算其背面反射。

按照常规的玻璃调法，整个灯泡看起来就像是一个盛满水的容器，如图6-32所示。因此需要用另外的调法来实现灯罩反射效果。

将默认的"VRayBRDF"材质层删除，如图6-33所示。

此时材质失去了漫反射层，是完全透明的。单击材质属性面板右上角的加号按钮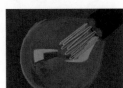添加一个额外的反射层，如图6-34所示。

测试渲染结果如图6-35所示。

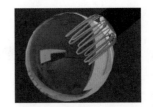

图6-32　　　　　　　　图6-33

图6-34　　　　　　　　图6-35

2.灯丝

给灯丝添加自发光效果。拾取灯丝材质，直接单击加号按钮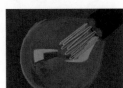添加一层自发光，将其颜色改为橙黄色，再将强度调高一些，设为3左右即可，如图6-36所示。

测试渲染结果如图6-37所示。

图6-36

3.金属

下面调整吊灯金属灯杆材质。吊灯金属灯杆是一种金色金属材质，设置其漫反射颜色为黑色、反射颜色为橙黄色（255,171,30）、反射光泽度为1，勾选"反射IOR"选项，并将IOR值增大至20，如图6-38所示。

拾取上方电线材质，为其添加一些反射效果即可。

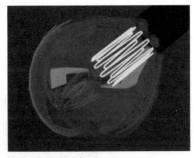

图6-37

图6-38

6.4.6 其他材质

下面调整场景中一些较小物体的材质。

①拾取杯子和茶壶的材质，这是一种陶瓷材质，表面光滑，为它设置白色的"反射颜色"、0.95左右的"反射光泽度"。

②拾取苹果表面的材质，这是带有一定反射模糊的材质，将其反射颜色调为白色，将"反射光泽度"改至0.65左右。

③拾取玻璃瓶材质，和普通玻璃的调法相同，折射参数不需要调至最高。

④拾取桌面书本的封面材质，这是具有一定光泽的铜版纸材质，将其"反射颜色"调至白色，将"反射光泽度"改至0.7左右。

整体材质效果如图6-39所示。

图6-39

6.5 颜色校正

通过前面几章的练习，相信读者对"颜色校正"这一部分的知识已经有了进一步的理解。本案例所涉及的颜色校正主要包括曝光度、白平衡、颜色/饱和度、颜色平衡、曲线5个部分。

首先单击帧缓存窗口底部工具栏中的 ■ 按钮打开"颜色校正"面板。

6.5.1 曝光度

勾选"曝光度"选项开启曝光度校正。增加曝光度值以提亮场景，减小曝光过度值以缓和图像中过曝的区域，增加对比度值以改善因曝光过度值过大而造成的图像发灰问题，具体参数如图6-40所示。校正后的图像预览效果如图6-41所示。

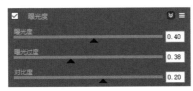

图6-40

图6-41

技巧与提示

曝光过度值的调整技巧

单击帧缓存窗口底部工具栏中的"强制颜色钳制"按钮 ■ 可将过曝区域用异样的颜色显示出来，如图6-42所示。调整曝光过度值直至异样的颜色消失即表示过曝问题解决。

图6-42

6.5.2 白平衡

此时场景有些许偏暖，可降低一点色温来解决此问题。校正后的效果如图6-43所示。

图6-43

6.5.3 色相/饱和度

将饱和度适当降低，将亮度略微增大，如图6-44所示。

校正后的图像预览效果如图6-45所示。

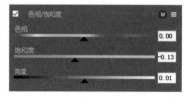

图6-44

技巧与提示

因为简约淡雅的特点，如今低饱和度的效果图越来越受欢迎。

图6-45

6.5.4 颜色平衡

颜色平衡可以矫正图像的偏色问题，但这带有一定的个人风格。此处就以笔者个人调法进行介绍，仅供参考。将图像调整得偏青、偏绿一些，以矫正图像偏红的情况，再给图像添加一点蓝色倾向，如图6-46所示。校正后的图像预览效果如图6-47所示。

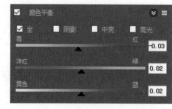

图6-46

图6-47

6.5.5 曲线

将曲线调整为S形以增强图像的对比度，对比度不需要太强，如图6-48所示。

校正后的图像预览效果如图6-49所示。可将当前设置保存为预设文件以便下次使用。

这个环节的作用是明显且重要的，可以简单概括为"压缩曝光+调色"。从保存文件的格式能够间接看出这个环节可以算作"LUT"流程。

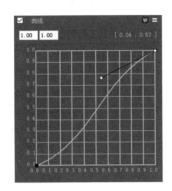

图6-48

图6-49

6.6 渲染输出

通过前面几章的学习，读者对渲染输出环节应该有了初步的理解，也应该形成了一套渲染参数的标准，但这还不算是最有效率的渲染思路。此处将为大家介绍一种渲染效率较高的思路："光子图"渲染。

疑难问答

"光子图"渲染是何意？

VRay在渲染图像时首先会通过GI引擎计算GI（又称跑光或跑GI），在这个过程中小图渲染得要比大图快，而大图和小图需计算的GI量相差无几，GI引擎计算完之后的数据可以保存调用，所以可以调用小图中保存的GI缓存文件来渲染大图，从而可以节省大图计算GI的时间。这种渲染方法就叫作"光子图"渲染。

所谓的"光子图"渲染其实是一种旧称，原意是在使用"光子图"GI引擎时使用上述方法。但在VFS 3.6中，"光子图"GI引擎已经被删除。

6.6.1 光子图参数

首先需要调整光子图的渲染参数。

◆ 操作如下

01 关闭"渐进式"渲染，将"质量"改为高，如图6-50所示。

02 展开"渲染输出"卷展栏，确定出图的分辨率大小。一般情况下小图的大小是最终大图的1/3或者1/4，此案例最终图幅的宽度定为3000，则小图的宽度可为1000或750，此处使用750。

图6-50

03 展开右侧的"光线跟踪"卷展栏，将"噪点限制"改为1，如图6-51所示。

04 展开"全局照明"卷展栏，将"主光线引擎"改为"发光贴图"。

05 单击"渲染"按钮 ↻ 即可开始渲染小图。

图6-51

6.6.2 正式图参数

小图渲染结束后，开始调整正式图的渲染参数。

◆ 操作如下

01 调用"光子图"数据。展开"发光贴图"下的"磁盘缓存"卷展栏，单击"保存"按钮保存"发光贴图"的缓存文件（VRMAP格式），如图6-52所示。

02 保存完成后，将"模式"改为"From File"，单击"打开"按钮 📂 加载刚才保存好的缓存文件，如图6-53所示。

03 对"灯光缓存"下的"磁盘缓存"进行上述两步的操作，保存并加载"灯光缓存"的缓存文件（VRLMAP格式）。

04 在左侧"渲染设置"卷展栏中将"质量"重新调为"高"，开启"去噪点过滤"。在其下方"渲染输出"卷展栏中将图幅宽度设置为3000。

05 展开右侧的"渲染元素"卷展栏，展开"去噪点过滤"，将"预设"改为"轻微"。

06 最终图像渲染用时28分29.1秒，如图6-54所示。

图6-52

图6-53

图6-54

6.7 后期处理

这张图的后期处理部分由Photoshop完成，其主要任务是调色。

◆ 操作如下

01 首先在帧缓存窗口中将图像切换至"Denoiser"通道。单击"保存"按钮 🖫 将图像保存为TGA文件。

02 使用Photoshop打开这张图，首先养成良好的习惯，使用快捷键Ctrl+J复制"背景"图层，以免出现问题，如图6-55所示。

03 执行"滤镜>Camera Raw滤镜"菜单命令，如图6-56所示，打开"Camera Raw"对话框。

图6-55

技巧与提示

通常会将渲染图像保存为带有Alpha通道的TGA文件，当然，如有特殊需求，还可将图像保存为32位的EXR或HDR文件。

04 使用"Camera Raw滤镜"调色主要是通过"Camera Raw"对话框右侧面板中的参数设置来增强图片的对比度和清晰度，降低饱和度，达到一种低饱和、强对比的状态，如图6-57所示。

图6-56

05 单击对话框右侧面板上方的"细节"按钮▲▲，给图像添加一些锐化以增强图像细节，将数量值增大一些，如图6-58所示。

06 单击对话框右侧面板上方的"镜头校正"按钮▣，给图像添加晕影效果，将晕影数量值减小一些即可，如图6-59所示。

07 给图片添加"色散"效果，以模拟真实相机镜头拍摄的感觉。使用快捷键Ctrl+J将"图层1"再复制一层。双击复制出的图层打开"图层样式"对话框的"混合选项"面板，将"高级混合"下"通道"中的R、B（红、蓝通道）取消勾选，如图6-60所示，单击"确定"按钮。

08 使用移动工具✛将图层所对应图像向右、向下移动一个像素，达到图6-61所示的效果。使用透明度控制其深浅，透明的程度读者可自行确定。

09 给吊灯的灯泡添加光晕效果，单击▣按钮新建一个图层。

10 选择画笔工具✐，将画笔大小调整至灯泡大小，硬度调软一些，再调整其颜色为橙黄色。在图像上点出每一个灯泡的位置，如图6-62所示。

图6-57

11 适当降低一些透明度，效果如图6-63所示。

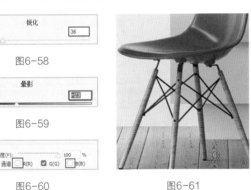

图6-58

图6-59

图6-60

图6-61

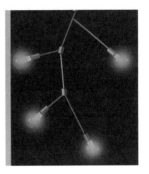

图6-62

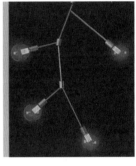

图6-63

12 使用快捷键Ctrl+Shift+S将图片另存为JPG格式的文件。最终后期效果如图6-64所示。

图6-64

2118

第7章 现代风格别墅夜景表现

扫码观看视频

　　细心的读者也许会发现前面 4 章的案例不论是室外还是室内，均是日景表现。因为大多数建筑或室内效果图都会选用效果清晰的日景，所以在前面的章节中对于夜景表现就没有提及。为了使本书内容更加翔实，案例更加丰富，本章将从一个现代风格别墅的夜景表现流程开始介绍夜景表现的策略。

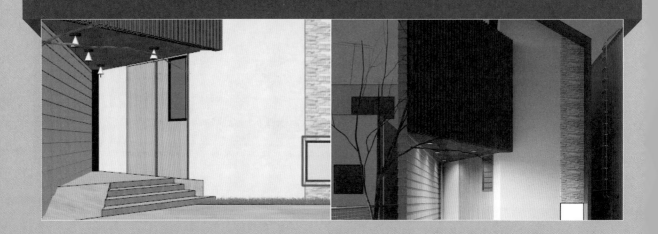

7.1 场景介绍

本场景基于实际存在的45°House住宅而建，它由TSC Architects建筑事务所于2014年设计，其建筑外形如图7-1所示（图片来自互联网）。该建筑通过缩减北侧的内部空间来引入更多的光线，南侧的一堵大墙有保护隐私的功能，同时也有反光的作用。

根据图纸所建的场景模型如图7-2所示。

本案例的制作流程大致为确定构图—灯光—材质—颜色校正—渲染输出—后期处理。下面将分别从这几个方面讲解案例的制作过程及关键点。

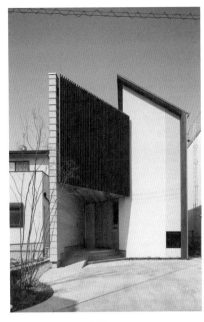

图7-1

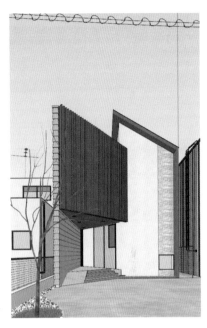

图7-2

7.2 确定构图

打开配套资源中的"案例文件\第7章\现代风别墅夜景表现.skp"场景文件。

本场景已事先确定了一个视角，即使用"一点透视"的方式观察建筑，如图7-3所示。由于已经确定好了构图，因此此处只介绍一下构图的方式。此处不必过分考究构图方式，读者只需将相机位置移动到自己感觉良好的地方。

本场景选用了近似黄金分割比的图幅比例——0.618：1，并且开启了"安全框"，如图7-4所示。

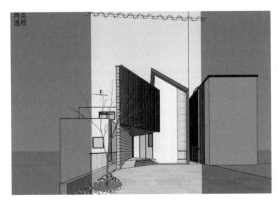

图7-3

图7-4

7.3 灯光

7.3.1 夜晚布光方式

夜景表现和日景表现最大的不同之处在于灯光的布置方式，故灯光部分在本案例中尤为重要。相较于白天，夜晚的布光方式更简单，大体上也可分为自然光和人工光。

自然光主要来自天空云层的散射和月光。在渲染时通常会将天空亮度调至暗蓝色或使用夜晚的HDRI环境贴图，使其产生较暗的光照效果。值得注意的是，在室外夜景表现中天空的亮度不宜过暗。

人工光主要是一些人工的照明光，如室内灯光、庭院灯光等。只需要在有灯光的地方安置灯光即可。

> **技巧与提示**
>
> 特别重要的一点就是夜景的灯光一般不会只有一种色调，而是有颜色冷、暖之分的，通常有冷暖对比的场景会显得更加绚丽。

7.3.2 自然光

打开配套资源中的"案例文件\第7章\现代风别墅夜景表现.skp"场景文件。

本场景中的自然光部分将使用一张夜晚的HDRI环境贴图来模拟天空光的照明。在创建"穹顶灯"之前，首先需要将默认的太阳光和天空背景禁用，并开启"材质覆盖"。

◆ **操作如下**

01 创建"穹顶灯"。单击灯光工具栏中的 ⊙ 按钮，在场景中较为空旷的位置单击创建一盏穹顶灯，在灯光面板中指定配套资源对应章节中"贴图"文件夹下的"2118 Moon.hdr"HDRI贴图，预览效果如图7-5所示。

> **技巧与提示**
>
> 在创建"穹顶灯"的同时按住Ctrl键可直接加载HDRI环境贴图。

图7-5

02 在保持默认灯光强度值为1的状态下，测试渲染结果如图7-6所示。虽然在夜景表现中自然光照本就较暗，但此时设置的强度值1显然使场景过于昏暗，因此需要仔细调整灯光的强度。

03 经过几个值（5~10）的测试，最终确定灯光强度值为7，测试渲染结果如图7-7所示，场景亮度的问题已经解决。

04 此时的天空背景并不是最终想要达到的效果，可选择让此"穹顶灯"不可见，以便在后期渲染时替换。展开灯光面板中的"选项"卷展栏，勾选"不可见"选项，让天空背景不可见的同时不影响灯光效果，如图7-8所示。测试渲染结果如图7-9所示。

图7-6

图7-7

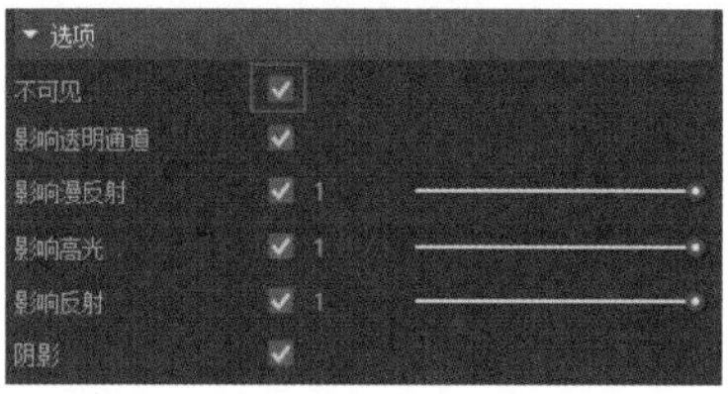

图7-8

图7-9

技巧与提示

此处推荐开启"互动式"渲染，可边调整强度边预览效果。

7.3.3 人工光

由于场景中的自然光赋予了场景一种冷色的照明效果，因此人工光的目的在于营造一种暖色调的光照氛围，使得场景灯光具有冷暖对比的效果。

1.筒灯

下面首先来创建筒灯。

◆ **操作如下**

01 给进户门前的筒灯添加灯光，筒灯位置如图7-10所示。此处筒灯的目的是照亮进户门处和门前的一块区域，可使用"IES灯"或"聚光灯"制作。为了更加便捷地控制灯光的照射范围，这里选用"聚光灯"作为照明灯。

02 由于这4盏筒灯是同一种组件，因此只需在其中一盏筒灯中创建"聚光灯"即可。单击 ![按钮] 按钮，在筒灯模型的中心处直接单击创建灯光，如图7-11所示。在默认参数下测试渲染的结果如图7-12所示。根据测试渲染结果可以大体有一个灯光的调整方向。

图7-10 图7-11 图7-12

03 先将"锥角"值增大一些以扩大"聚光灯"的照射范围，可慢慢拖曳"锥角"参数的滑块，再根据"互动式"渲染的结果确定设置。最终"锥角"滑块停留在了2.26处，渲染结果如图7-13所示。

04 根据上一步的渲染结果，还需调整其"半影角"的值，同样使用"互动式"渲染将数值调至合适大小。此处该值大约为0.35左右，渲染结果如图7-14所示。

05 调整灯光的颜色。此处灯光应为稍微偏橙色的暖黄色，经过多次微调，最终该颜色的色值为"255,235,206"。渲染结果如图7-15所示。

图7-13 图7-14 图7-15

2.窗口灯光

在建筑右下方的窗口处添加一个"面光源"以模拟室内照明效果，如图7-16所示。

◆ 操作如下

01 首先创建一个与窗口大小相近的"面光源"，将其方向朝外，并放置于玻璃窗后，如图7-17所示。

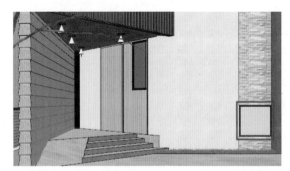

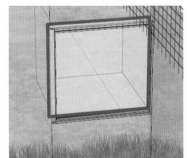

图7-16 图7-17

技巧与提示

在创建灯光前按住Shift键可使用鼠标指针切换其光照方向。

02 使用🖌工具按住Alt键拾取玻璃材质，由于开启了"材质覆盖"，因此需要将该玻璃材质的"允许覆盖"关闭。在材质属性面板中的"材质选项"卷展栏中取消勾选"允许覆盖"选项，如图7-18所示。

03 在默认灯光参数下测试渲染的结果如图7-19所示。经过多个强度值的测试，最终确定强度值为200。渲染结果如图7-20所示。

图7-18

图7-19

图7-20

3.装饰灯

为了更好地表现左下角的枯树和绿草,可在其附近添加一盏灯来模拟庭院灯的光照效果。此处选择使用"球形灯"来模拟庭院灯的照明效果。

◆ **操作如下**

01 将灯光创建于草地的左上方位置，半径不需要太大，如图7-21所示。

02 进入灯光面板，展开此球形灯的"选项"卷展栏，勾选"不可见"选项，将强度值增大一些，先改为300，如图7-22所示。测试渲染结果如图7-23所示，可以看到强度值显然不够。

03 将强度值改为1000，渲染结果如图7-24所示。

场景整体灯光效果如图7-25所示。

图7-21

图7-22

图7-23

图7-24

图7-25

疑难问答

为什么是"球形灯"？

VRay的"球形灯"是一种具有真实衰减效果的灯光，并且灯光效果与灯的体积也有很大的关系，也就是说它是一种比较符合物理学原理的灯，常常用来模拟一些常见的灯，如台灯、庭院灯、光珠等。

7.4 材质

场景中的灯光已布置、调试完毕，接下来将进行材质的调整。本场景中材质数量较少，且在夜景环境下材质效果并不明显。材质调整依然按照由主到次的原则进行，首先从面积较大的材质开始，如白墙、地面等；然后调整场景中较小的物体的材质，如木料木板、窗框、草等。

在调整材质之前，首先应将"材质覆盖"关闭。

7.4.1 白墙

首先来调整白墙材质。

◆ 操作如下

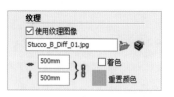

图7-26

01 建筑表面的白墙材质可直接使用材质库中"WallPaint & Wallpaper"类别下的"Stucco_B01_50cm"材质修改。首先用鼠标右键单击材质名称，选择"在场景中选择物体"和"将材质应用到选择物体"命令，用此材质替换原有的白墙材质。

02 调整材质的贴图大小。拾取此材质，然后将贴图大小改为贴图名称上提示的500mm×500mm，如图7-26所示。

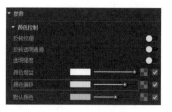

图7-27

03 调整贴图的颜色，此时显然太黑了。单击此材质的"漫反射"的"纹理贴图"按钮，展开"参数">"颜色控制"卷展栏，将"颜色偏移"程度提高一些，以让贴图更白，如图7-27所示。

疑难问答

为什么调整过后SketchUp中的贴图颜色还是不变？

由于上述对贴图的调整是在VRay中进行的，没有真正地修改贴图，因此SketchUp中的贴图颜色不会发生改变。但渲染出来的是调整后的效果，渲染效果以VRay材质预览效果为准。

7.4.2 地面

此处的地面包括建筑门前的地坪和进门前的地面，地面材质是一种具有一定光泽的混凝土材质。

可直接在"快速设置"面板中调整材质属性。首先调整它的反射属性。将反射颜色调为灰色，让地面只有一个较弱的反射，将"反射光泽度"调至0.5左右，以模拟表面的磨砂质感，如图7-28所示。

给材质表面添加凹凸质感，将"漫反射颜色"的贴图复制粘贴到"凹凸度"上，将漫反射贴图作为凹凸贴图使用。将"凹凸度"降低至0.3左右，如图7-29所示。

图7-28

图7-30

材质渲染效果如图7-30所示。由于此材质具有光泽质感，因此"聚光灯"对建筑门前地坪的影响范围也有所扩大。

图7-29

7.4.3 墙面石材

拾取建筑主体右侧的石材表面材质，这是一种表面粗糙质感强烈的材质，如图7-31所示，因此只需调整其凹凸属性即可。

在"快速设置"面板中将"漫反射颜色"的贴图复制粘贴至下方的"凹凸度"中，将"凹凸度"值调小一些，0.5左右就能达到较为理想的效果。渲染结果如图7-32所示。

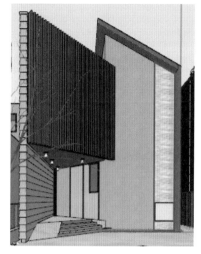

图7-31 图7-32

7.4.4 木料

本场景共有3种木料材质，分别是建筑边缘处的深色木料、门厅上方的天花木料、门板木料。

拾取建筑边缘的深色木料材质，这是一种表面光滑的木料材质。将反射颜色调为白色，将"反射光泽度"调至0.75左右，如图7-33所示。其余两种木料材质只需按照同样的操作调整即可。

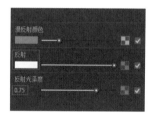

图7-33

7.4.5 其他材质

接下来调整场景中面积较小的材质。

◆ 操作如下

01 拾取门厅处的排水管，排水管为不锈钢管，不锈钢材质的调法在前面的章节中已多次讲解。首先将"漫反射"调为黑色，将"反射颜色"调为白色，将"反射光泽度"调至0.9以添加一些反射模糊，勾选"反射IOR"选项并将IOR值改为20，如图7-34所示。

02 拾取此区域的镜子材质，如图7-35所示。首先将"漫反射"调为黑色，将"反射颜色"调为白色，勾选"反射IOR"选项并将IOR值改为20，如图7-36所示。

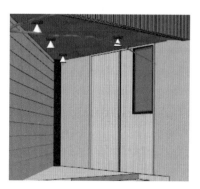

图7-34 图7-35

图7-36

03 拾取建筑右下方的窗框材质。将反射颜色调为浅灰色，将"反射光泽度"调至0.8左右，如图7-37所示。

04 拾取窗户玻璃材质，此处只需将反射颜色和折射颜色调为白色即可。

05 拾取场景任意位置的草叶材质，由于场景中此材质的面积较小，因此此处只调整其反射属性。将反射颜色调为白色，将"反射光泽度"调至0.6左右，如图7-38所示。

06 拾取门厅筒灯模型发光区域的材质，单击材质属性面板右上方的 ▣ 按钮为其添加"自发光"材质，将"强度"值调至2左右。

　　整体材质预览效果如图7-39所示。

图7-39

图7-37

图7-38

7.5 颜色校正

　　在本书案例的制作流程中，颜色校正是一个不可或缺的步骤。由于VFS 3.6去掉了原有的"颜色映射"选项，因此一些常用的调整曝光度等颜色校正选项只能在"颜色校正"面板中查看。本例的颜色校正包括曝光度、白平衡、色相/饱和度、曲线、背景图像（目的在于为图像添加天空背景）5个部分。

7.5.1 曝光度

　　调整曝光度的参数如图7-40所示，将曝光度值提高一些，增大曝光过度值以中和过曝现象，然后提高对比度值以解决图像发灰的问题。

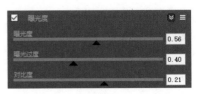

图7-40

调整后的效果如图7-41所示。

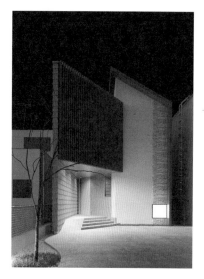

图7-41

7.5.2 白平衡

将色温参数值增大一些以增强人工光的暖意，调整后的效果如图7-42所示。

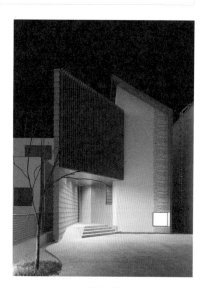

图7-42

7.5.3 色相/饱和度

将饱和度值提高一点以增强图像的鲜艳程度，如图7-43所示，数值不需要太大。

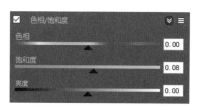

图7-43

7.5.4 曲线

此处依然使用一个较缓的S形曲线增强图像的对比度，如图7-44所示。

校正后的图像预览效果如图7-45所示。

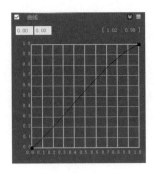

图7-44　　　　　　　　　图7-45

7.5.5 背景图像

勾选并展开"背景图像"参数，单击"Load"按钮，选择配套资源中对应案例"贴图"文件夹下的"夜景天空.jpg"图像。添加后的效果如图7-46所示。

图7-46

7.6　渲染输出

此处的渲染输出环节依然使用上一章介绍的"光子图渲染"的方法。

7.6.1 光子图参数

首先需要调整光子图的渲染参数。

◆ 操作如下

01 关闭"渐进式"渲染，将"质量"改为高，如图7-47所示，小图的质量可以高一些。

02 展开"渲染输出"卷展栏，确定出图的分辨率大小。此案例最终图幅的高度定为3000，所以将小图高度设置为750。

03 展开右侧的"光线跟踪"卷展栏，将"噪点限制"改为1，如图7-48所示。

04 展开"全局照明"卷展栏，将"主光线引擎"改为"发光贴图"。

05 单击"渲染"按钮 ↻ 即可开始渲染小图。

图7-47

图7-48

7.6.2 正式图参数

小图渲染结束后，开始调整正式图的渲染参数。

◆ **操作如下**

01 调用"光子图"数据。展开"发光贴图"下的"磁盘缓存"卷展栏，单击"保存"按钮保存"发光贴图"的缓存文件（VRMAP格式），如图7-49所示。

图7-49

02 保存完成后，将"模式"改为"From File"，单击"打开"按钮 📂 加载刚才保存好的缓存文件，如图7-50所示。

03 对"灯光缓存"下的"磁盘缓存"卷展栏进行上述两步的操作，保存并加载"灯光缓存"的缓存文件（VRLMAP格式）。

图7-50

04 在左侧"渲染设置"卷展栏中将"质量"重新调为"高"，开启"去噪点过滤"。在下方"渲染输出"卷展栏中将图幅高度设置为3000。

05 展开右侧"渲染元素"卷展栏，展开"去噪点过滤"卷展栏，将"预设"改为"轻微"。

06 最终图像渲染用时21分46.8秒，如图7-51所示。

图7-51

7.7 后期处理

下面对渲染图进行后期处理。

◆ **操作如下**

01 首先在帧缓存窗口中将图像切换至"Denoiser"通道，单击"保存"按钮 📷 将图像保存为TGA文件。

02 使用Photoshop打开上一步保存的图像，按快捷键Ctrl+J复制"背景"图层，以免出现问题，如图7-52所示。

图7-52

03 执行"滤镜>锐化>锐化"菜单命令对图像进行锐化处理，使其细节更加突出，如图7-53所示。

04 给图像四周添加晕影效果。执行"滤镜>镜头校正"菜单命令，如图7-54所示，打开"镜头校正"对话框。

05 在"镜头校正"对话框中的"自定"面板中将"晕影"数量值减小一些，这里设置为-10左右，如图7-55所示。

06 给图片添加"色散"效果，以模拟真实相机镜头拍摄的感觉。使用快捷键Ctrl+J再复制一层。双击复制出的图层进入"图层样式"对话框的"混合选项"面板，将"高级混合"下"通道"中的R、B（红、蓝通道）取消勾选，如图7-56所示，单击"确定"按钮。

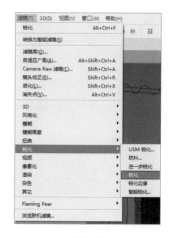

图7-53

图7-54　　　　　　图7-55

图7-56

07 使用移动工具 ⊕ 将图层所对应的图像向右、向下移动一个像素，达到图7-57所示的效果。使用透明度控制其深浅，透明的程度读者可自行确定。

08 使用快捷键Ctrl+Shift+S将图片另存为JPG格式的文件。最终后期效果如图7-58所示。

图7-57

图7-58

第8章 清新风格客厅表现

扫码观看视频

在之前的几章中共介绍了两种常用的室内表现策略，它们的区别主要体现在布光方式的不同，即分别使用 VRay 光照系统（包括太阳光和天空光）和 HDRI 照明。本章将介绍另外一种较为常用的室内表现策略，旨在将太阳光与天空光分离控制；使用面光源模拟光线均匀的天空光，使得空间照明更易于控制。

8.1 场景介绍

本场景模型创建的灵感来源于20世纪70年代一居室小公寓的改造翻新项目——Type Street公寓，其面积为35平方米。该项目设计的主题是对小型住宅运动的支持，也是对抛弃文化和过度消费的现代生活方式的质疑，让被忽视的住宅恢复活力，为建筑使用者创造灵活的居住和工作空间，如图8-1所示。

本章将以图8-2中框选的客厅区域作为案例表达的主体。

根据上述平面图所描述的场景布置，最终的模型搭建效果如图8-3所示。其中大部分复杂、细致的模型来自SketchUp官方模型库——3D Warehouse。

本案例的制作流程：确定构图—灯光—材质—地毯—颜色校正—渲染输出—后期处理。下面将分别从这几个方面讲解案例的制作过程及关键点。

图8-1

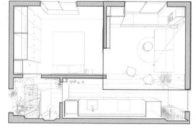
图8-2

图8-3

8.2 确定构图

打开配套资源中的"案例文件\第8章\清新风小公寓客厅表现.skp"场景文件。

本案例并没有过分考究构图方式和透视方法，而采用了一个自由的镜头，从室内的一角拍摄整个房间的主体，十分符合相机拍摄的视野，如图8-3所示。

本案例将使用数码拍摄中常用的3∶2纵横比，可兼顾视野宽度和高度，如图8-4所示。

图8-4

8.3 灯光

8.3.1 思路

在进行灯光布置之前，首先需要明确此案例的布光思路，即本章开头提到的另外一种布光方式。

由于本案例是正午的日景表现，因此灯光可分为太阳光和天空光。其中太阳光依然使用VRay太阳光；而天空光则不再使用VRay天空光，即不再由VRay太阳光控制，而是使用一个面光源模拟来自大气散射的天空光。

使用上述布光方式的优点是能够在更加自由地调整太阳光的高度、位置的同时，保证天空光不受其影响而产生不同的天空光颜色。

技巧与提示

室内表现常见的布光方式

1."VRay光照系统+面光源"：这种室内照明方案保持太阳光与天空光的链接状态，使用面光源（可作为光线入口）增强天光照明。

2."VRay太阳+面光源"：将VRay光照系统分离，不使用VRay天空光，而使用面光源模拟天光。

3.使用面光源作为场景的天光：当需要制作阴天等太阳光较弱的场景时可使用此布光方式。

4."穹顶灯+HDRI贴图"：使用穹顶灯并加载一张HDRI环境贴图来模拟真实照明。

以上4种方法适用于开放或半开放的场景，而一些较为封闭的场景则需要使用人工光。在室内表现中，布光方式并不是一成不变的，在实际运用中还需根据实际情况调整布光方式。

8.3.2 太阳光

首先为场景添加太阳光。

◆ **操作如下**

01 打开"资源管理器"的设置面板，展开"环境设置"卷展栏，取消勾选"背景"选项，开启下方的"材质覆盖"，如图8-5所示。

图8-5

02 在默认的灯光参数下测试渲染得到图8-6所示的结果，发现太阳光的光照强度不足，可通过调整曝光或太阳光的强度来增强其亮度。

03 开启"互动式"渲染以更加直观地查看参数变化的效果。展开"相机设置"卷展栏，将"曝光值（EV）"减小一些，最终值为12.5（显示为12.48），如图8-7所示。此时渲染结果如图8-8所示，发现阳光阴影边缘太过锐利。

图8-6

图8-7

04 进入太阳属性面板，将"尺寸"值增大一些（改为5）以柔化阳光边缘的阴影。渲染结果如图8-9所示。

图8-8

图8-9

8.3.3 天光

本场景主要有两个可让天光照射的入口，分别是左侧飘窗和右侧进户门，如图8-10所示，所以需要在这两个入口处添加面光源以模拟天光。

◆ 操作如下

01 首先在左侧飘窗处创建面光源。由光源面积比窗口面积稍大，照射方向为朝向室内，如图8-11所示。

02 开始调整这盏灯的参数，展开"选项"卷展栏，勾选"不可见"选项以避免遮挡太阳光，将"强度"改为300，如图8-12所示。

图8-10

图8-11

图8-12

技巧与提示

强度值并不是只能设为300，因为后期可通过颜色校正统一调整图像的亮度。

03 由于本场景是晴天，天空显示为蓝色，因此还需将灯光的颜色调为淡蓝色，其色值为"240,247,255"。测试渲染结果如图8-13所示。

04 在右侧进户门处创建灯光。将灯光创建为近似门的大小并且使灯光正面朝向室内。由于场景中并没有出现右侧进户门，因此只需调整此灯光的强度及颜色。

05 将左侧窗口处的面光源颜色拖至新创建好的面光源颜色中，此时的灯光强度不需要太大，它只是起到一个补光的作用。经过多个值的测试，最终将强度值设置为100，如图8-14所示。渲染结果如图8-15所示。

图8-14

图8-13

图8-15

8.4 材质

本场景中的材质种类较多,有些材质的调法有一定的理解难度,因此材质环节采取从易到难的顺序进行,首先从较为简单且易于调整的材质开始,如墙面、柜体、镜子等,再到较为复杂的材质,如地毯、沙发布料、叶片等。

8.4.1 简单材质

下面讲解一下简单材质的调法。

◆ **操作如下**

01 调整白墙材质,此处为白色乳胶漆材质。将反射颜色调为白色,"反射光泽度"改为0.3左右,如图8-16所示。

02 拾取左侧窗口处柜体的材质,其为白色漆面木料材质,表面具有反射且有些许反射模糊。将反射颜色调为白色,"反射光泽度"改为0.7左右,如图8-17所示。

03 拾取柜体上方的镜面材质,在前面的章节中已经细致讲解过镜面材质调整的相关知识,将"漫反射"颜色调为黑色,"反射颜色"调为白色,勾选"反射IOR"选项并将IOR值改为20,如图8-18所示。

04 拾取柜体拉手的材质,其为深色不锈钢材质,如图8-19所示。首先将"漫反射"颜色调至黑色,"反射颜色"调整为深灰色,再将"反射光泽度"设置为0.9左右,勾选"反射IOR"选项并将IOR值改为20,如图8-20所示。

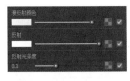

图8-16

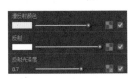

图8-17

图8-18

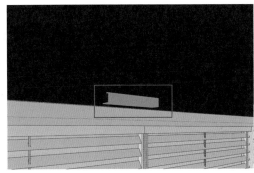

图8-19

05 拾取吊灯白色灯罩的材质,其为白漆金属材质,表面具有较为强烈的反射。将反射颜色调为白色,"反射光泽度"调至0.8左右,如图8-21所示。

06 拾取自行车身的黑漆金属材质,执行上述第4步的操作。

07 拾取自行车橙黄色轮毂的材质,执行上述第4步的操作。

08 拾取吊灯电线材质,其为黑色塑料皮材质,将反射颜色调为浅灰色,"反射光泽度"调至0.7左右,如图8-22所示。

09 拾取右下角黑色花盆的材质，其为黑色陶瓷材质，为其设置白色的反射颜色、0.9左右的反射光泽度，如图8-23所示。

10 拾取家具木料材质，此处由于面积较小，因此不再为其添加凹凸效果。木料材质依旧按照前面章节中的调法调整，此处不再赘述，如图8-24所示。

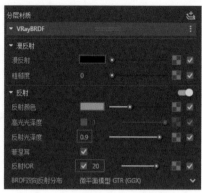

图8-20

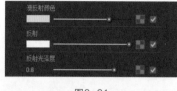

图8-21

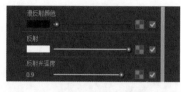

图8-23

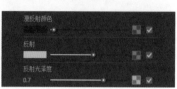

图8-22

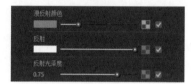

图8-24

8.4.2 地板材质

拾取地板材质，此材质将应用于本场景中所有大面积的地板。

调整反射属性： 将反射颜色调为白色，将"反射光泽度"调至0.75左右，如图8-25所示。

调整凹凸属性： 将"漫反射颜色"贴图复制粘贴至下方的"凹凸度"中，将凹凸度的值减小一些，设为0.2左右即可，如图8-26所示。

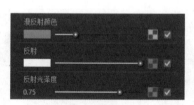

图8-25

图8-26

8.4.3 叶片材质

由于场景左侧的盆栽叶片太小，因此此处只调整右侧大盆栽的叶片材质。

◆ 操作如下

01 拾取叶片，在SketchUp的材料面板中查看并记住贴图尺寸，该贴图尺寸为25400mm×25400mm，如图8-27所示。

02 给叶片材质添加反射属性，如图8-28所示。

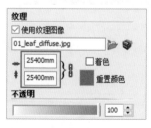

图8-27

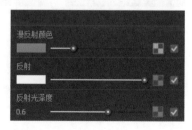

图8-28

03 在VRay材质列表中用鼠标右键单击"盆栽叶片"，选择"在场景中选择物体"命令，如图8-29所示，全选应用此材质的所有物体。

04 单击下方的  按钮，新建一个"双面"材质并命名为"叶片-双面"。将"正面材质"设置为"盆栽叶片"材质，如图8-30所示。

05 用鼠标右键单击"叶片-双面"材质，选择"将材质应用到选择物体"命令，如图8-31所示，将双面材质应用到叶片上。

06 在SketchUp的材料面板中将贴图尺寸改为25400mm×25400mm，即可将贴图正确赋予物体。材质预览效果如图8-32所示。

图8-29　　　　　　　　　图8-30

图8-31　　　　　　　　　图8-32

8.4.4 布料材质

　　本场景中共有3种布料材质，分别是两种沙发布料材质和青色地毯材质。它们的制作方法类似，只是漫反射贴图不同，故此处只演示其中一种布料材质的制作过程。

技巧与提示

　　可使用材质右键菜单中的"拷贝"和"粘贴"命令快速调整同种类型的材质。

◆ **操作如下**

01 拾取绿色沙发布料的材质，在SketchUp材料面板中查看并记住贴图尺寸：700mm×700mm。单击材质属性面板右上角的 按钮为其添加一个单独的漫反射层，如图8-33所示。

02 将此漫反射层的漫反射颜色调为白色，如图8-34所示，目的是在原有漫反射贴图的基础上添加发白效果。

03 单击"透明度"参数后的"纹理贴图"按钮 进入纹理面板，在左侧列表最下方找到"衰减"纹理以控制"透明度"参数，其中黑色表示不透明，白色表示完全透明。

04 由于只想让物体表面边缘处发白，因此此处应将"颜色A（正面）"调为白色，将"颜色B（侧面）"调为接近白色的灰色，如图8-35所示。

图8-33　　　　　　　　图8-34　　　　　　　　　　　　图8-35

05 为了便于控制贴图尺寸，单击上方的 按钮显示贴图，在SketchUp材料面板中将贴图尺寸改为700mm×700mm。材质预览效果如图8-36所示。

06 给布料材质添加凹凸纹理。开启下方的凹凸选项，添加配套资源对应案例"贴图"文件夹中的"布料凹凸.jpg"贴图，将凹凸强度改为0.5（凹凸强度可自行把控）。材质预览效果如图8-37所示。

图8-36　　　　　　　　　　　　　　　　图8-37

8.5 地毯

　　本场景中有一块蓝色的地毯，直接使用模型会大大增加整体模型的面数，使计算机卡顿，因此本节将使用VRay毛发工具制作该地毯。

　　选中地毯模型，单击VRay物体工具栏中的"毛发"按钮 创建毛发。开启"互动式"渲染，以便实时观察参数变化的效果。

　　将"锥度"改为0，让毛发头部变得圆滑；将"粗细"改为0.3、"长度"改为0.5，使其更接近地毯效果；将"计数（区域）"改为4，增大毛发的密度。调整后的测试渲染结果如图8-38所示。

图8-38

8.6 颜色校正

经过灯光、材质等环节的调整，最终测试渲染结果如图8-39所示，可以看到图像颜色不够好看。由于VFS默认为用户开启了"线性工作流"，在渲染流程中会使图像颜色有些"不正常"。这并不是渲染方法存在问题，而是人的眼睛更习惯于欣赏高对比度的艺术化的图像，而不是最真实的照明情况，因此需要对其进行颜色校正。

本场景的图像需要进行的颜色校正共有曝光度、色相/饱和度、曲线、背景图像4个部分，下面将分别从这4个部分进行颜色校正。

图8-39

8.6.1 曝光度

调整后的曝光度参数如图8-40所示，主要通过增大曝光度值来提升场景亮度，减小曝光过度值来抵消过曝现象，增大对比度值来解决图像发灰的问题。调整后的图像如图8-41所示。

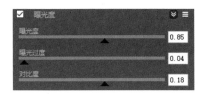

图8-40

图8-41

8.6.2 色相/饱和度

将饱和度值降低一点，亮度值增加一点，如图8-42所示，使图像更加自然。

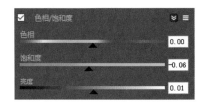

图8-42

8.6.3 曲线

虽然在曝光度校正时已经增强了图像的亮度，但是还远远不够，其只是解决了飘窗处曝光过度的问题，因此还需通过曲线调整场景整体的亮度。将曲线调整为向上拱起的状态，如图8-43所示。调整后的图像效果如图8-44所示。

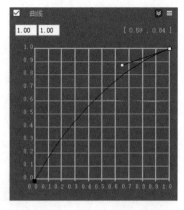

图8-43

图8-44

8.6.4 背景图像

展开"背景图像"参数面板，单击"Load"按钮加载配套资源对应案例"贴图"文件夹中的"外景.jpg"素材贴图，添加后的图像预览效果如图8-45所示。

图8-45

8.7 渲染输出

渲染输出依然可以按照前面两章中所介绍的光子图渲染流程进行，本章就不再赘述。渲染输出分辨率为3000px×2000px。在帧缓存窗口中将图像保存为TGA格式的文件。

8.8 后期处理

虽然颜色校正环节可以解决一些图像颜色上的问题，但是它的有些功能还不够完善。如果想要更好的图像效果，还要经过Photoshop或After Effects等外部软件的调色处理。

◆ 操作如下

01 使用Photoshop打开保存好的TGA格式的图像，首先使用快捷键Ctrl+J复制一层"背景"图层，如图8-46所示。

02 执行"滤镜>Camera Raw滤镜"菜单命令或直接使用快捷键Shift+Ctrl+A，如图8-47所示，打开"Camera Raw"对话框。

03 在"Camera Raw"对话框右侧面板中调整参数对图像进行一些基本的颜色校正，如图8-48所示。调整后的图像效果如图8-49所示。

图8-46

图8-47　　　　　　　图8-48　　　　　　　　　　　　图8-49

04 单击对话框右侧面板上方的 ▲ 按钮展开"细节"选项卡，将锐化数量值适当增大一些，如图8-50所示。

05 单击对话框右侧面板上方的 ▥ 按钮展开"镜头校正"选项卡，将晕影数量值减小一些以增加晕影特效，如图8-51所示。单击"确定"按钮完成修改。

06 给图像添加一个镜头色散的效果。使用快捷键Ctrl+J将"图层1"复制一层，双击复制出的图层进入"图层样式"对话框的"混合选项"面板，将"高级混合"下"通道"中的R、B（红、蓝通道）取消勾选，如图8-52所示，单击"确定"按钮。

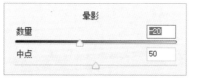

图8-50　　　　　　　　　　图8-51　　　　　　　　　　图8-52

07 使用移动工具 ✛ 将图层所对应图像向右、向下移动一个像素，达到图8-53所示的效果。使用透明度控制其深浅，透明的程度读者可自行确定。

08 按快捷键Ctrl+Shift+S将图片另存为JPG格式的文件。最终后期效果如图8-54所示。

图8-53　　　　　　　　　　图8-54

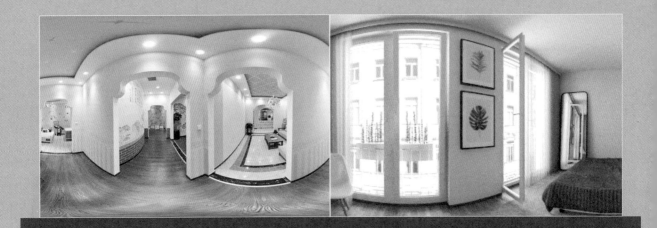

第9章 卧室全景图表现

扫码观看视频

　　前面的几个案例阐述了几种常见的室内外表现策略，其侧重点在于灯光的分布与材质的制作。从本章开始，将从不同的侧重点介绍一些特殊类型的效果图表现策略。从章名可知，本章将要讲解的是全景图的制作，其侧重点在于相机设置。

9.1 全景图简介

9.1.1 名词定义

全景图（Panorama）是一种广角图，可以以画作、照片、影片、三维模型的形式存在。根据使用者不同的需求，全景图大致可分为宽景图和360°全景图两种。

宽景图类似手机相机的全景拍摄图，画面水平角度较大，但未涵盖到360°范围，如图9-1所示。

360°全景图也称为三维全景图，是一种利用计算机将数码相机拍摄或建模软件渲染完成的多角度图片进行后期拼合的图像，通常需要特殊的播放程序进行查看，可以给人一种身临其境的感觉。地图网站中的街景功能就是用360°全景图实现的。

全景图常用两种类型的映射方式：图9-2所示为球形全景图，这种全景图将二维图像映射在球体内部，因此图像会出现镜头畸变的效果；图9-3所示为立方体全景图，这种全景图将二维图像映射在立方体内部。

本章中所要掌握的就是360°全景图的制作，本书后续所提到的"全景图"均指代360°全景图。

图9-1

图9-3

图9-2

> **技巧与提示**
>
> 前面章节中提到的HDRI环境贴图本质上也是一张球形全景图。

9.1.2 制作方法

基于上一节的介绍可知，360°全景图可通过拍摄和渲染两种方式制作。前者可通过多张多角度的照片拼合而成或使用专用的全景相机拍摄，而后者则只需将相机类型改为全景模式即可。制作完成的全景图可通过上传到网站（如720云）或软件（如Pano2VR）中生成可分享的链接或程序查看效果，可使用Pano2VR或Photoshop（CC 2017 x64以上版本）对图像进行修改。

9.1.3 渲染思路

在渲染程序中，制作一张360°全景图并不难，只需将相机类型更改为全景模式即可，其余操作步骤与正常效果图如出一辙。VFS 3.6为用户提供了"VR球形全景"和"VR立方体"两种类型的全景相机，如图9-4所示，分别对应上一节提到的两种映射方式。

通常使用"VR球形全景"的相机类型，这是一种最常见的全景图片形式，长宽比为2：1，且分辨率必须在6000px×3000px以上才可显示清晰。

图9-4

渲染一张清晰完整的全景图需要满足以下条件。

• 模型须保证四周完整，尽量不要出现穿帮现象。

• 相机类型须改为"VR球形全景"或"VR立方体"，不要使用"两点透视"矫正图像。

• 分辨率至少为6000px×3000px。

技巧与提示

由于分辨率过大，推荐使用炫云等云渲染工具。

9.2 场景介绍

本场景为一个北欧风格的现代卧室，建模灵感来自Pinterest的参考图。图9-5所示的模型整体较为简单，其中大部分家具及陈设均为手动创建，床、衣服、椅子等部分软装模型来自SketchUp官方模型库——3D Warehouse，窗外外景图片素材来自Textures。

基于上述有关全景图的制作方法，本案例的制作流程大致为确定相机—灯光—材质—渲染输出—后期处理—上传。相较于前面章节几个案例的流程，本案例仅修改了图像的相机类型并多加了上传网站的步骤。

图9-5

下面将分别从这几个方面讲解案例的制作过程及关键点。

9.3 确定相机

打开配套资源中的"案例文件\第9章\北欧卧室全景图.skp"场景文件。

9.3.1 视角设置

由于全景图可以拍摄到各方位的全部视角，因此并没有关于视角位置的硬性规定。相机所面向的视角在渲染图像的中心位置，也是观察时首先观察到的视角。在选取好视角后，切忌开启SketchUp视角的"两点透视"，如图9-6所示。本场景中提供了一个默认的视角，可直接使用或自行调整。

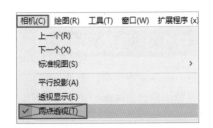

图9-6

疑难问答

为什么此处不能开启"两点透视"?

　　"两点透视"的本质是一种相机校正,会强制将垂直于地面的线、面拉直,因此在全景图的多个视角的渲染过程中会不停地进行"两点透视"校正,最终会得到错误的渲染结果。

9.3.2 相机设置

　　打开"资源管理器"的设置面板,展开"相机设置"卷展栏,将相机类型改为"VR球形全景",如图9-7所示。

图9-7

9.4 灯光

　　由于是全景图,因此场景对灯光的要求也就更加细致,本场景的灯光依旧可以分为自然光和人工光。在灯光部分开始调整之前,首先需要确定想要渲染出的效果是阴天还是晴天、是夜景还是日景、是夏天还是冬天,从而确定灯光调整的方向。

9.4.1 自然光

　　本场景想要渲染的是阴天日景的光感,首先简单分析一下:由于云彩遮挡住了太阳,因此场景中不需要有过多的太阳光。而阴天的质感多来自天空散射的柔和的天空光,所以可以确定本场景的灯光调整方向:关闭默认光照系统,单独使用面光源模拟光照均匀的天空光。

◆ 操作如下

01 进入"资源管理器"的灯光面板,单击 █ 按钮关闭太阳光。

02 进入"资源管理器"的设置面板,展开"环境设置"卷展栏,取消勾选"背景"选项,如图9-8所示。

图9-8

03 将视角移动到左侧窗外,在窗户处添加面光源来模拟天光。首先在墙面上创建一个比窗口稍大的面光源,使面光源正面朝里,将其向外移动一些,再将其复制粘贴到另一个窗口处,如图9-9所示。

04 选中此面光源,使用快捷键Ctrl+C将其复制。将视角移动到右侧窗户处,使用快捷键Ctrl+V将其粘贴至此处。使用"缩放"工具 █ 将其缩放得比窗口稍大一些,将灯光向外移动一些,使用"旋转"工具 ◯ 将面光源方向旋转为朝里,如图9-10所示。

05 进入"资源管理器"的灯光面板,选中刚才创建的面光源,展开右侧的属性面板,展开"选项"卷展栏,勾选"不可见"选项,隐藏灯光本身,如图9-11所示。

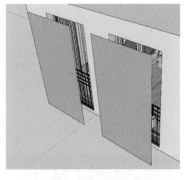
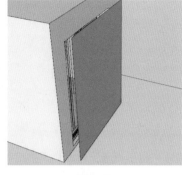

图9-9   图9-10   图9-11

06 按照前面章节中调节灯光的方法，先将此面光源的强度值改为300，测试渲染结果如图9-12所示。可以看到窗口处的灯光亮度较明亮，但图像整体的曝光度有待提高，外景亮度也有些不足。

07 进入"资源管理器"的设置面板，展开"相机设置"卷展栏的"VR球形全景相机"，将"曝光值"适当增大一些，此处改为13（通常会使用13.8、13.5、12.8等值）。测试渲染效果如图9-13所示。

图9-12   图9-13

08 打开"资源管理器"的材质面板，找到"外景"材质，单击右上方的 ⬚ 按钮添加一个自发光层，将"漫反射"贴图拖曳至自发光颜色上，再为其设置一个强度值，此处调整为2.3。测试渲染结果如图9-14所示。

　　此时场景的颜色较为难看，有些位置出现了过曝问题。这并不是渲染的方法存在问题，而是线性工作流的弊端。在VFS早期版本中可通过"颜色映射"选项调整，从VFS 3.0开始可在"颜色校正"面板中直接调整。

图9-14

09 单击帧缓存窗口左下角的 ▣ 按钮展开"颜色校正"面板，勾选"曝光度"选项，将曝光度值提高一些，减小曝光过度值以抵消过曝现象，提高对比度值以解决图像发灰的问题，如图9-15所示。
调整后的图像效果如图9-16所示。

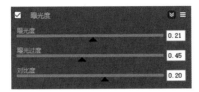

图9-15

图9-16

9.4.2 人工光

本场景所要创建的人工光主要为装饰性灯光，其作用是装点屋内的气氛和在一定程度上补光。需要在右侧玄关处和衣柜处添加橙黄色灯光（相对于正面视角），如图9-17所示。

◆ 操作如下

01 在右侧玄关处添加灯光，这里选用光照较为柔和的球形灯，在房间的中上方创建一盏球形灯，如图9-18所示。

02 单击场景号回到原视角，然后开启"互动式"渲染实时查看灯光参数变化的结果。首先将灯光更改为不可见，即隐藏灯光实体。

03 将灯光颜色改为橙黄色（色值为252,170,8），然后提高灯光的强度，此处灯光的强度值可根据自身喜好调整，这里设置为300。测试渲染结果如图9-19所示。

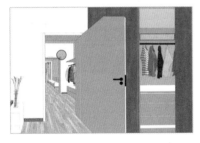

图9-17

图9-18

图9-19

04 在衣柜上方添加灯条，此处使用面光源。在衣架上方添加一个面光源，长度要尽可能与衣柜打开的宽度相同，如图9-20所示。

05 单击场景号回到原视角，开启"互动式"渲染。首先将灯光设置为不可见，将灯光颜色改为暖黄色（色值为253,193,120）。然后提高灯光的强度，这里设置为200。测试渲染结果如图9-21所示。整体灯光效果如图9-22所示。

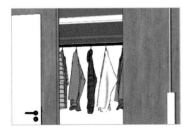

图9-20

图9-21

图9-22

9.5 材质

　　场景中的灯光已布置、调试完毕，接下来将针对场景中几个重点材质进行讲解。材质环节采取从易到难的顺序进行，首先从较为简单且易于调整的材质开始，如墙面、不锈钢、镜子等，然后调整较为复杂的材质，如地板、布料、窗帘等。

9.5.1 简单材质

01 调整白墙材质，此处为白色乳胶漆材质。将反射颜色调为白色、"反射光泽度"改为0.3左右，如图9-23所示。

02 拾取镜子的黑色边框材质，将其调整为黑漆金属材质，其表面具有较为强烈的反射。将反射颜色调为白色、"反射光泽度"调至0.8左右，如图9-24所示。

03 拾取镜面材质，将漫反射颜色调为黑色，将"反射颜色"调为白色，勾选"反射IOR"选项并将IOR值改为20，如图9-25所示。

图9-23

图9-24

图9-25

04 拾取右侧墙面挂画的材质，为了模拟玻璃画框的效果，需要给挂画添加反射效果，将反射颜色调为白色即可。

05 将视角向左旋转，使用上述第4步的方法调整左侧两幅挂画。

06 拾取门框的白漆金属材质，其表面具有较为强烈的反射，将反射颜色调为白色，将"反射光泽度"调至0.8左右，如图9-26所示。

图9-26

07 拾取窗户的玻璃材质，此材质较为简单，只需将反射颜色和折射颜色调为白色即可，如图9-27所示。

08 将视角向左旋转，拾取椅子面的白色板材，将反射颜色调为白色、"反射光泽度"调至0.75左右，如图9-28所示。

图9-27

图9-28

09 拾取衣柜木料材质，将反射颜色调为白色、"反射光泽度"调至0.75左右。将"漫反射颜色"的贴图复制粘贴至"凹凸度"中，再将其值改为0.1左右，如图9-29所示。

10 将视角向左旋转，拾取衣柜挂衣杆的不锈钢材质。将漫反射颜色调为黑色，将"反射颜色"调为白色，勾选"反射IOR"选项并将IOR值改为20，适当将"反射光泽度"值减小一些，这里调整到0.9即可，如图9-30所示。

11 拾取门把手的不锈钢材质，但其表面做了磨砂处理，因此在第10步材质处理的基础之上还需将其"反射光泽度"值减小，使用0.6～0.7均可。

图9-29

12 将视角向左旋转至床头柜处，拾取台灯灯架的深色金属材质，由于金属的颜色是由反射颜色控制的，故此处只需在第10步的操作基础之上将"反射颜色"改为深灰色，再适当增强"反射光泽度"即可，如图9-31所示。

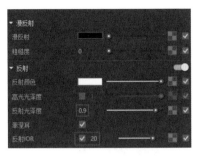

图9-30 　　　　　　　　　　　图9-31

9.5.2 地板材质

地板材质是本场景中较为重要的材质，这是一种带有凹凸的光滑木板材质，其反射的质感较难把控。

◆ **操作如下**

01 将其反射颜色调为白色，将漫反射贴图拖曳至"反射光泽度"的纹理上，使用漫反射贴图控制其"反射光泽度"，如图9-32所示。

02 单击"反射光泽度"的"纹理贴图"按钮 ■ 进入贴图控制面板，展开"参数>颜色控制"卷展栏，可通过调整"颜色偏移"来调整图像的亮度，使其对"反射光泽度"属性产生不同的作用，如图9-33所示。

03 将"颜色偏移"调至色值为"126,126,126"的中灰色，测试渲染结果如图9-34所示。

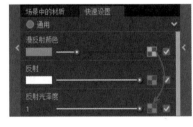 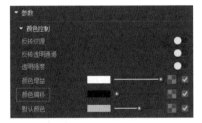 

图9-32 　　　　　　　　　图9-33 　　　　　　　　　图9-34

技巧与提示

此处建议开启"互动式"渲染实时查看颜色偏移的调整效果。

04 勾选"快速设置"下方的"凹凸度"选项，单击 ■ 按钮，选择左侧的"位图"，添加配套资源对应案例"贴图"文件夹中的"木地板凹凸.jpg"贴图，如图9-35所示。

05 将"凹凸度"数值调小一些，改为0.1左右。测试渲染结果如图9-36所示。

图9-35 　　　　　　　　　图9-36

9.5.3 窗帘材质

此处的窗帘材质使用"双面材质"制作。

◆ 操作如下

01 单击"资源管理器"材质面板下方的 🔧 按钮添加一个"双面材质",将其命名为"窗帘-双面"。

02 将"正面材质"设置为原来的"窗帘"材质,用此双面材质替换原有的窗帘材质,如图9-37所示。

03 测试渲染结果如图9-38所示。

图9-37

图9-38

9.5.4 布料材质

下面介绍布料材质的制作。

◆ 操作如下

01 拾取紫色靠背材质,用鼠标右键单击材质名称,选择"在场景中选择物体"命令,全选具有此材质的所有物体。

02 展开右侧材质库,找到"Fabric"中的"Velvet_01_VioletPurple_6cm"材质,将其拖曳至材质列表中,如图9-39所示。

03 用鼠标右键单击此材质名称,选择"将材质应用到选择物体"命令。展开SketchUp窗口右侧的材料面板,将贴图大小改为60mm×60mm,如图9-40所示。

由于其他布料材质调整属性后效果不明显,因此此处就不再细致调整。

图9-39

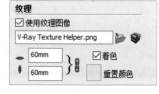

图9-40

9.6 渲染输出

由于全景图所需渲染图像的分辨率过大,使用常规的渲染方法显然要花费大量的时间,对计算机配置一般的用户来说,可能要花费4~5小时,并且在这段时间内无法再使用计算机进行其他操作,即便使用前面章节中介绍的"光子图"渲染也无法大幅提高渲染速度。因此,此处推荐使用"炫云"插件进行有偿付费的云渲染。

9.6.1 炫云概述

"炫云"是由北京炫我科技有限公司研发的一款3ds Max/Maya/Blender/SketchUp的云渲染平台,如图

9-41所示。用户简单地安装好客户端以及插件后，在制作完成的场景中配置好需要的渲染参数，如镜头、帧数等后便可打开炫云一键提交。提交之后，炫云客户端会进行全自动的打包并上传到云端渲染农场进行渲染，待渲染结束之后客户端也会自动下载渲染结果到本地计算机中，这期间也不会影响到本地计算机的正常使用。

其安装方法与安装文件还请读者自行访问炫云网站查看。

图9-41

9.6.2 渲染参数

下面介绍渲染参数的设置。

◆ 操作如下

01 关闭"渐进式"渲染，将"质量"改为"高"，开启"去噪点过滤"，如图9-42所示。

02 展开"渲染输出"卷展栏，将"宽度/高度"至少设置为6000px：3000px，如图9-43所示，此处不妨设置得大一些，如7000px：3500px。

03 勾选下方的"保存图片"选项，单击 按钮指定保存的路径和格式。此处将文件类型改为VRIMG格式，便于渲染完成后再次启用"颜色校正"中的曝光度校正。

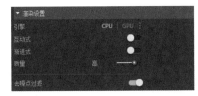

图9-42

图9-43

> **技巧与提示**
>
> 这一步是必须的，勾选"保存图片"选项并指定好保存路径是使用炫云渲染的前提条件。

> **疑难问答**
>
> **VRIMG是一种什么格式？**
>
> VRIMG作为VRay的一种专用格式，可在帧缓存窗口中直接保存，且只能在VRay帧缓存窗口中打开。其优势是会将图像的所有渲染元素保存为一个文件，可以很好地与VRay帧缓存窗口融合，能够完全发挥出"颜色校正"的作用。

04 展开右侧的"全局照明"卷展栏，将"主光线引擎"改为"发光贴图"。

05 展开"渲染元素"中的"去噪点过滤"卷展栏，将"预设"改为"轻微"，如图9-44所示。

图9-44

> **技巧与提示**
>
> "去噪点过滤"的程度不宜过大，否则会使图像出现厚重的涂抹感。

9.6.3 炫云渲染

下面讲解炫云渲染的操作。

◆ **操作如下**

01 运行并登录炫云客户端。

02 在SketchUp中执行"扩展程序>炫云>渲染（或分布式渲染）"菜单命令，如图9-45所示。其中"渲染"命令仅使用一个服务器进行渲染，"分布式渲染"命令可选择多个服务器进行联机渲染。

03 此处选择"分布式渲染"命令，然后自行选择渲染的服务器数量，如图9-46所示，单击"确定"按钮开始渲染，继续单击"确定"按钮完成设置工作。

04 用户可在炫云客户端中查看上传进度、渲染进度、下载进度，如图9-47所示。

图9-45

图9-46

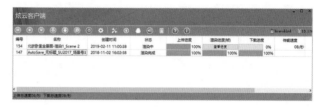

图9-47

图9-48

05 单击"查看进度"按钮可查看实时渲染进度的截图，如图9-48所示。

06 当渲染任务结束时，会自动对文件进行下载，如图9-49所示。

下载进度	传输速度
0%	556KB/秒
100%	
100%	
100%	

图9-49

9.6.4 保存

下面介绍渲染图的保存操作。

◆ **操作如下**

01 图像渲染完成后，炫云会按照渲染参数中的设置下载VRIMG文件。首先打开VRay帧缓存窗口，单击上方的"打开"按钮，加载自动下载好的VRIMG文件。

02 展开"颜色校正"面板，勾选"曝光度"选项。

03 将渲染元素切换至"Denoiser"去噪点过滤层，单击帧缓存窗口上方的"保存"按钮，将图像保存为TGA格式的文件，如图9-50所示。

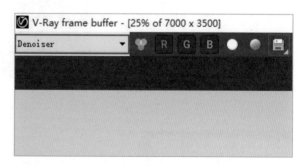

图9-50

9.7 后期处理

本案例依旧使用Photoshop对图像进行后期处理，将保存好的TGA格式的图像拖入Photoshop中开始处理。

◆ 操作如下

01 首先使用快捷键Ctrl+J复制一层"背景"图层，如图9-51所示。

02 执行"滤镜>CameraRaw滤镜"菜单命令或直接使用快捷键Ctrl+Shift+A，如图9-52所示，打开"Camera Raw"对话框。

03 根据个人审美需求，在打开的"Camera Raw"对话框右侧面板中对图像进行一些基本的颜色校正，如图9-53所示。

图9-51

图9-52

04 给图像添加镜头色散的效果，使用快捷键Ctrl+J将"图层1"复制一层。双击复制的图层进入"图层样式"对话框的"混合选项"面板，将"高级混合"下"通道"中的R、B（红、蓝通道）取消勾选，如图9-54所示，单击"确定"按钮。

	自动	默认值	
曝光			+0.15
对比度			+12
高光			+5
阴影			-6
白色			0
黑色			-3

图9-53

图9-54

05 使用移动工具 ⊕ 将图层所对应的图像向右、向下移动一个像素，达到图9-55所示的效果。使用透明度控制其深浅，透明的程度读者可自行确定。

06 使用快捷键Ctrl+Shift+S将图片另存为JPG格式的文件。

图9-55

9.8 上传

以上步骤所制作的仅仅是全景图本身，它还不能被正确地观察和讨论，通常会将其上传至支持全景图映射的网站上，通过网页来观察和讨论设计，并通过互联网分享给其他用户。本案例将使用网站"720云"来挂载制作好的全景图像。

◆ 操作如下

01 直接在浏览器中使用搜索引擎搜索"720云"，打开其网页。

02 此时需要注册一个账号，方便后期管理作品。注册完成后登录账号。

03 单击网页上方的"上传"按钮，如图9-56所示。单击"从本地添加全景"按钮，如图9-57所示，加载刚才保存好的JPG格式的全景图像。

04 在网页右侧输入"作品标题"并选择"作品分类"，此处设置作品标题为"北欧卧室全景图"，选择作品分类为"室内设计"，如图9-58所示。单击"上传"按钮。

图9-56

图9-57

05 上传完成之后，单击"前往编辑作品"按钮查看作品，如图9-59所示。

06 将鼠标指针移动至制作完成的图像名称上，单击"预览"按钮即可开始预览全景图，如图9-60所示。

图9-58

图9-59

图9-60

第 **10** 章 休闲广场黄昏鸟瞰图

扫码观看视频

鸟瞰图作为一种常见的效果图类型，比平面图更有真实感，是设计师不可忽视的空间设计"语言"，能在设计中更多地融入设计师的空间直觉。鸟瞰图在建筑规划设计中是一种不可或缺的表现方式，可将其理解为"上帝视角"。根据不同的设计需求，鸟瞰图可分为建筑鸟瞰图和室内鸟瞰图，其中建筑鸟瞰图最为常见。本章将从一个简单的场景介绍 SketchUp 建筑鸟瞰图的制作流程。

10.1 建筑鸟瞰图简介

10.1.1 模型

　　一般情况下，越精细的鸟瞰图所需要的模型也越精细。建模在鸟瞰图的制作中至少会占据一半以上的工作量。

　　在建模之前，首先要熟悉建筑方案、对层数、层高、体量、材质等有个大致的了解，规划好建模的步骤以及图层。其中建筑周边环境的搭建尤为重要，通常需要先在AutoCAD中整理好平面图，如删除多余线条、细化道路等，然后导入3ds Max或SketchUp中进一步绘制，如添加交通灯、汽车、树木等。图10-1所示为一幅较为复杂的鸟瞰图作品。

图10-1

10.1.2 渲染

　　鸟瞰图的渲染方法与常规室外效果图大致相同，仅仅是相机"飞"到了空中。

　　一般来说，鸟瞰图渲染可分为两个大的方向：一是只渲染模型，树木、车辆等物体可在后期处理时添加，难度较大；二是全模型渲染，所有物体均在建模软件中添加，后期仅进行调色处理。一般鸟瞰图的制作需要兼顾这两个方向，先布置一些代理树，其余部分再通过后期处理来丰富。

10.1.3 后期处理

　　使用二维软件Photoshop进行后期处理，其主要任务是添加物体和调色。

　　添加物体主要是添加一些配景，如车、树、人、外景。在添加时需要注意疏和密的关系，更要注意透视关系和色彩的冷暖渐变。尤其要注意透视关系，物体一定不能变形。还需注意影子方向与场景的一致性。由于鸟瞰图视角较高，因此有些鸟瞰图还需添加雾气、晕影等用于渲染氛围的效果。调色部分可以参考一些优秀效果图的色彩风格，以寻找自己喜欢的风格。

10.2 场景介绍

　　为了让本场景案例易于理解且操作流畅，本场景并没有使用体量过大、范围过大的模型，模型搭建灵感来自Pinterest。其为一个休闲广场区域的设计方案，主要建筑部分位于相机中心。为了突显设计的重心，本例将设计区域以外的建筑统一使用白色素模表示，如图10-2所示。

由于本场景需要渲染多处绿化植物，使用面数较多的高精度植物模型显然会使场景文件巨大，从而使计算机卡顿，而使用面数较少的2.5D树则难以制作出好的效果，因此必须使用代理模型，场景中目前暂时不添加任何植物。

本案例的制作流程大致为确定相机—灯光—完善模型—材质—颜色校正—渲染输出—后期处理。下面将分别从这几个方面讲解案例的制作过程及关键点。

图10-2

技巧与提示

Pinterest是设计师常用的寻找灵感的网站，其采用瀑布流的形式展现图片内容，推荐各位读者浏览。

10.3 确定相机

打开配套资源中的"案例文件\第10章\休闲广场黄昏鸟瞰图.skp"场景文件。

本案例选取了一个斜向上的视角，以尽可能地将建筑全貌表现出来，突显设计的重点。读者也可根据自身喜好自行调整角度，不会影响后续渲染环节。

本案例将使用数码拍摄中常用的3：2纵横比，如图10-3所示。这个比例更加接近黄金比例，且适合打印（接近A3纸的比例）。

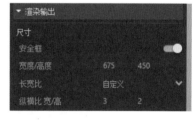

图10-3

10.4 灯光

10.4.1 思路

在调整灯光之前，首先需要明确灯光调整的大致方向，并思考用何种方法更加便捷。

鸟瞰图在SketchUp中通常有两种灯光策略：一是使用VRay默认光照系统来模拟某一时间太阳和天空的状态，机动性较高且操作简便；二是使用HDRI环境贴图来加载真实的光照氛围，效果主要取决于HDRI图像中太阳的状态，机动性较低但效果不错。

基于本场景案例的需求和操作特性，本案例将使用VRay默认光照系统来模拟黄昏时太阳及天空的状态。

10.4.2 调整

上一节明确了灯光调整的思路后，下面开始正式的调整工作。

◆ **操作如下**

01 开启"材质覆盖"，打开"资源管理器"的设置面板，开启"材质覆盖"卷展栏的开关，如图10-4所示。

02 在默认的灯光参数下测试渲染得到图10-5所示的结果，根据测试结果判断灯光调整方向。可见图中阳光颜色和天空光颜色不够黄，且阴影边缘太过锐利。

图10-4

图10-5

03 进入"资源管理器"的灯光面板，展开太阳光的参数面板，将"浑浊度"值增加到7，将"臭氧"值减小至0，如图10-6所示，使天空光和太阳光愈加发黄。测试渲染结果如图10-7所示，太阳光和天空光颜色相比之前已经更加接近黄昏效果，但太阳光颜色还达不到黄昏时的状态，因此还需调整太阳光本身的颜色。

图10-6

图10-7

04 将太阳光的"颜色"调为暖黄色（色值为255,206,0），将"尺寸"值增加至5，柔化阴影边缘，如图10-8所示。测试渲染结果如图10-9所示，不难发现此时图像有些偏橘黄色且亮度偏低，这是因为天空的亮度不足。

图10-8

图10-9

05 打开"资源管理器"的设置面板，展开"环境设置"卷展栏，将"背景"强度增大一些，以增加天空亮度，这里将其值改为2，如图10-10所示。测试渲染结果如图10-11所示，基本达到所需效果。

图10-10   图10-11

10.5 完善模型

10.5.1 概述

接下来开始完善模型，添加建筑周边的植物，此处选用R&D出品的iTrees系列中的树木模型。将它们通过3ds Max转化为VRESH格式的代理文件，再直接导入SketchUp中使用，树木渲染效果如图10-12所示。此步骤可在灯光调整之前进行。

图10-12

疑难问答

R&D是什么？

    R&D是俄罗斯的一家开发3D可视化工具及资源的机构，主要开发基于各种三维建模软件的渲染插件，例如常用的MultiScatter，提供各种精细的三维模型，如树木、草、车辆等。

10.5.2 导入代理模型

在第2章中已详细介绍过代理模型导出和导入的方法及一些隐藏的技巧。此处不建议单击物体工具栏中的"导入"按钮 🔷 导入VRESH文件，因为这样会丢失材质，如图10-13所示。

依次将保存好的贴图正常的代理树的SKP模型文件直接拖曳至SketchUp窗口中，如图10-14所示。

导入代理模型之后，单击"渲染"按钮 🔄 测试贴图是否存在问题。测试渲染结果如图10-15所示，可以看到贴图正常，表示导入成功。

图10-13

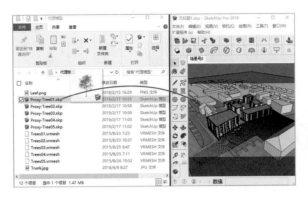

图10-14

图10-15

10.5.3 布置

树木导入完成后，接下来需要将树木依次布置在场景的绿地中。

◆ 操作如下

01 从"Trees01"开始，使用快捷键Ctrl+C将其复制，展开树坑组件，使用快捷键Ctrl+V将模型粘贴至树坑中心，如图10-16

所示。由于之前将树坑组件全部绕水平中心随机旋转过，因此同一棵树也能制造出多棵不同的树的假象，如图10-17所示。

图10-16

图10-17

技巧与提示

此处树木的随机缩放、旋转操作可使用插件"clf_scale_rotate_multiple"快速完成，只需选中所要操作的模型，然后设置随机缩放的倍数和旋转的角度，进而完成操作，如图10-18所示。

图10-18

02 树坑处的树已经添加完成，接下来再将"Trees01"复制粘贴至想要添加树的地方，可使用"缩放"工具 、"旋转"工具 将其随机缩放或旋转，使其具有一定的差异性。

03 树木放置效果如图10-19所示。

04 使用上述方法依次将剩余树木布置在场景中，整个过程需要有耐心且随时保存，以免出现闪退等问题。最终效果如图10-20所示。

图10-19

图10-20

10.6 材质

在建筑鸟瞰图的制作中，因为场景体量较大，一些不具有反射属性的模型表面不需要过于考究其材质的属性，有的甚至只具有漫反射属性。所以对建筑鸟瞰图来说，通常需要调整的是大面积的具有反射属性的模型表面。由于本场景中并没有反射强烈的模型表面，因此本场景所需调整的材质较少，调整方法也较为简单。

首先将"材质覆盖"关闭以显示贴图颜色，目前的渲染结果如图10-21所示。

图10-21

10.6.1 建筑外墙

拾取场景主要建筑的外墙面，这是一种表面粗糙的淡黄色灰泥饰面。此处使用材质库"Wallpaint & Wallpaper"类别中的"Stucco_A02_Color_50cm"材质进行修改。将此材质拖曳至列表中，以替换原有的外墙材质。将材质贴图的尺寸改大一些，以适合此建筑体量，如图10-22所示。

单击材质的"漫反射"的"纹理贴图"按钮 ■ 进入纹理面板，单击"纹理A（底部）"的"纹理贴图"按钮 ■，将其颜色修改为饱和度较低的淡黄色（色值为213,207,183）。

图10-22

10.6.2 玻璃

拾取建筑内侧的玻璃材质，如图10-23所示，此处将其调整为淡绿色的玻璃。

将"反射颜色"调为白色，然后给玻璃上色。将"雾颜色"调整为淡绿色，减小"雾倍增"值以避免出现颜色过浓的问题，如图10-24所示。

图10-23　　　　　　　　　　　　　　　　图10-24

10.6.3 建筑白模

本场景中除主体建筑以外的周边建筑将使用白色材质填充，这是建筑鸟瞰图处理周边建筑的常用手法，通常还会降低其透明度使其存在感降低。

需要注意的是，此"白色"材质的颜色不能调为真正的白色，否则会出现阴角处过曝的问题，故此处的"白色"应调为浅灰色。

10.7　颜色校正

灯光、材质调节完成后的渲染结果如图10-25所示，不难发现此时的图像并不"讨喜"，因此需要通过"颜色校正"来解决图像的一些问题。当然，此过程也可在Photoshop中进行，但有些操作依然推荐使用帧缓存窗口中的"颜色校正"面板。

本场景的图像需要进行的颜色校正共有曝光度、色相/饱和度、曲线3个部分，下面将分别从这3个部分进行颜色校正。首先单击帧缓存窗口左下角的■按钮打开"颜色校正"面板。

图10-25

10.7.1 曝光度

调整后的曝光度参数如图10-26所示，增大曝光度值以提亮场景，减小曝光过度值以抵消过曝现象，并且适当增大对比度值以改善图像发灰的问题。调整后的图像效果如图10-27所示。

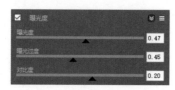

图10-26

图10-27

10.7.2 色相/饱和度

将色相滑块向左移动一些，将饱和度略微降低，将亮度略微增强，如图10-28所示，使图像更加自然。调整后的图像效果如图10-29所示。

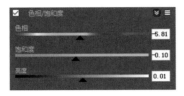

图10-28

图10-29

10.7.3 曲线

将曲线调成图10-30所示的S形，以增强对比度（此对比度非曝光度校正中的对比度），程度不需要太大。

调整曲线后的图像效果如图10-31所示。

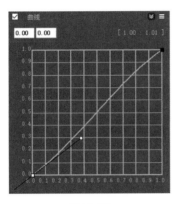

图10-30

图10-31

10.8 渲染输出

10.8.1 渲染

建筑鸟瞰图的渲染输出通常要注意两点：一是图幅尺寸不能太小，否则会丢失鸟瞰图的细节，且需根据所制作的鸟瞰图的体量决定；二是必须添加"材质ID"这一渲染元素，如图10-32所示，将不同的材质使用不同的颜色渲染出来，在后期处理中这一点尤为重要。

由于本场景的体量较小，因此此处的渲染尺寸可定为3000px×2000px。至于渲染输出的具体方法就不再赘述了，可使用第9章提到的"炫云"渲染，也可使用前面章节中所述的"光子图"渲染。

图10-32

"材质ID"是什么？

　　"材质ID"的字面含义为给每一种材质指定一个ID值，而"材质ID"渲染元素则会将图像中可见的不同材质使用不同的颜色渲染出来，如图10-33所示。在Photoshop后期处理中可使用魔棒工具或"色彩范围"命令选择相应颜色对应的材质，进而可对其颜色等属性进行修改。

图10-33

10.8.2 输出

　　渲染完成之后，将图像保存为TGA格式的文件，然后保存材质ID通道图。展开左上方的渲染元素下拉列表，将图像切换至"MaterialID"材质ID通道，如图10-34所示，单击上方的"保存"按钮■将其保存为TGA格式的文件。

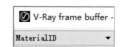

图10-34

10.9 后期处理

　　本案例的后期处理部分主要是针对图像进行一系列的调色处理，并且添加人物及车辆元素来增添图像的细节，同时使用"材质ID"调整对应材质的颜色。

技巧与提示

　　在拖曳的同时按住Shift键可让两张尺寸相同的图像完全对齐。

◆ **操作如下**

01 使用Photoshop打开保存好的两张图，将"材质ID"图像所在图层拖曳至渲染图所在图层上方并保证两个图像完全对齐，然后隐藏"材质ID"图像所在的图层"图层 1"，如图10-35所示。

02 单击"背景"图层，使用快捷键Ctrl+J将其复制一层，对复制出的图像进行调色处理，如图10-36所示。

03 执行"滤镜>Camera Raw滤镜"菜单命令或直接使用快捷键Ctrl+Shift+A，打开"Camera Raw"对话框。在对话框右侧面板中设置参数，对图像进行一些基本的颜色校正，如图10-37所示。

图10-35

图10-36

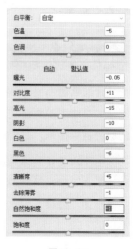

图10-37

04 添加人物和车辆。将案例配套资源对应"贴图"文件夹中的"人.png"和"车.png"两张图像拖曳至Photoshop中，使用套索工具 ρ.选取需要的部分复制粘贴至正在编辑的图像中，再根据透视关系合理放置素材，此时需要一定的耐心。放置后的效果如图10-38所示。

05 调整一些材质的颜色，首先调整地面。单击"图层1"图层，使用魔棒工具 ⌁.单击地面。此时的魔棒工具需要在属性栏中取消勾选"连续"选项才能保证选取全部材质，并且"容差"值也不宜过大，如图10-39所示，否则容易选取到颜色相近的不同材质。

图10-38

06 选中之后单击回到"背景 拷贝"图层，使用快捷键Ctrl+J将此选中区域单独复制一份，使用"色阶"或"Camera Raw滤镜"等调色工具将其颜色调深一些，以增强对比度。调整后的效果如图10-40所示。

07 使用魔棒工具 ⌁.选取场景中的树叶，可通过长按Shift键并单击将全部树叶材质选取并单独复制一份，使用"Camera Raw滤镜"将其色温调高一些，使得树叶具有黄昏时的质感。调整后的效果如图10-41所示。

图10-39

图10-40

图10-41

08 给图像添加晕影效果，通常鸟瞰图会采取"上白下黑"的方式添加，以增添鸟瞰图的氛围。单击图层面板中的 ◱ 按钮新建图层，选择画笔工具 ✐.，将笔刷调大、硬度降低、颜色改为白色，在图像上方绘制一道白色晕影。使用同样的方法再新建一个图层，并在其下方绘制一道黑色晕影，如图10-42所示。

09 调节透明度使这两道晕影更加自然，如图10-43所示。

图10-42

图10-43

10 使用上述同样的方法，在图像右上方太阳照射的位置添加一道橘黄色亮斑，如图10-44所示。

11 以上步骤操作完成后，使用快捷键Ctrl+Alt+Shift+E将当前预览效果保存为一个单独的图层。再次使用"Camera Raw滤镜"调色，使图像更加具有黄昏质感，如图10-45所示。

12 还可为图像添加镜头色散效果，此处不详细讲述。

图10-44　　　　　　　　　　　　　　　　　　图10-45

13 将当前结果保存为PSD格式的文件，并将图像导出为JPG格式的文件。最终图像效果如图10-46所示。

基于本章内容，还可制作出一些好玩、有趣的场景，如图10-47和图10-48所示。

图10-46

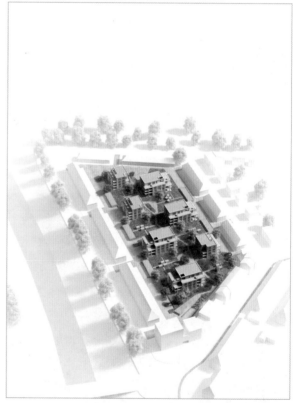

图10-47

图10-48

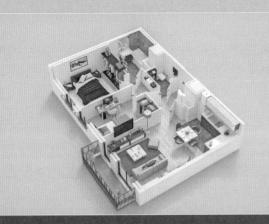

第11章 现代风格室内鸟瞰图

在第 10 章中介绍了关于室外建筑鸟瞰图的制作方法和相关案例，本章将从室内家装的角度出发，介绍室内鸟瞰图的相关制作方法及案例。

扫码观看视频

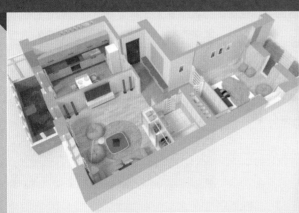

11.1 关于室内鸟瞰图

11.1.1 概述

室内鸟瞰图也可称为3D平面图或3D布局规划（3D Floor Plan），它是室内设计方案从头到尾的完整视图，包括除天花板以外的墙壁和地板等硬装方案以及其他软装物体和内部装饰，如图11-1所示。

室内鸟瞰图能较简单地表现出方案的整体性，使得不熟悉传统平面图的人也能够理解复杂的建筑概念，从而帮助设计师在需要的时候修改设计，是展示整个项目的最佳解决方案，也是设计方案的必不可少的一种表现方式。

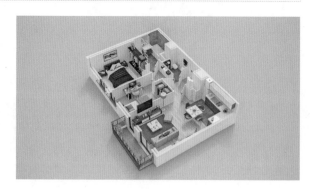

图11-1

11.1.2 制作方法

室内鸟瞰图的本质其实就是一个去掉了天花板的室内整体模型，然后通过渲染等方式将其更加逼真地表现出来。由此可以了解到室内鸟瞰图的制作重点是模型的建立，基于模型方可进行下一步的表现操作。

建模部分通常需要根据设计方案中的平面图在建模软件（SketchUp或3ds Max等）中进行，包括室内硬装（如墙壁、地板）及软装部分（如各种家具、电器、装饰），尽可能地将细节刻画得更加到位，如图11-2所示。

基于上述较为细致的模型，可使用VRay、Corona、Thea等渲染软件将其逼真地渲染出来，并且这类图对渲染的细节要求没那么高，渲染方法与一般效果图的方法类似，也可以直接使用SketchUp导出高质量的素模图片。

此外，随着WebGL技术的发展，越来越多的公司开发了基于网页的家装设计平台（如酷家乐、三维家、爱福窝等），用户不需要学习AutoCAD、SketchUp、3ds Max、VRay等专业软件，而只需通过简单的操作和强大的素材库即可制作出逼真的家装设计，其中也包括室内鸟瞰图，如图11-3所示。

虽然在网页上使用此类工具可快速完成设计方案所需的表现任务，但其毕竟是一种商品，每一幅图的制作都需要支付一定的费用，所以目前大多数效果图表现公司还是遵循传统的建模、渲染、后期的工作流程。

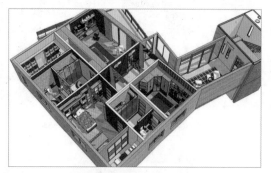

图11-2

图11-3

11.2 场景介绍

本场景是一个现代风格的室内家装模型，建模灵感来自Pinterest。其中主体部分的建模较为简单，可使用较为简单的推拉操作完成，家具等软装部分多来自3D Warehouse。此模型细节十分到位，如图11-4所示。

和一般效果图的制作流程大致相同，本案例的制作流程大致为确定相机—灯光—材质—渲染输出—后期处理。下面将分别从这几个方面讲解案例的制作过程及关键点。

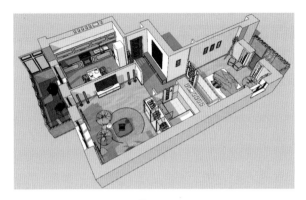

图11-4

11.3 确定相机

11.3.1 视角

本场景并没有过分考究构图的方式，而是大体选择了一个视野较为全面的鸟瞰视角，能够清晰地呈现室内设计的布局和风格即可。读者也可根据自身喜好自行修改视角位置，然后在SketchUp中执行"视图>动画>添加场景/更新场景"菜单命令保存/更新视角，如图11-5所示。

图11-5

11.3.2 比例

此处直接使用SketchUp视图窗口的比例作为此场景的出图比例，即渲染图像与此SketchUp视图窗口的比例相同。拖曳SketchUp视图窗口，使模型处于SketchUp视图窗口的中心位置，模型与四周的距离保持适中即可。打开VRay "资源管理器"的设置面板，展开"渲染输出"卷展栏，将"长宽比"模式调为"匹配视口"，单击下方"更新视口"处的 ▣ 按钮，如图11-6所示，即可匹配SketchUp视图窗口的比例。

图11-6

11.4 灯光

11.4.1 思路

本案例所要制作的是正午阳光照射的灯光效果，同时要使模型具有一种手工质感，即摄影棚的光感。也就是说，本场景既要表现出日常生活中阳光照射的感觉，又要使其具有一种手工模型的精致感。这就需要模拟出真实的太阳光以及均匀的白色天光，由此可以明确本案例的灯光思路为使用VRay太阳光和一定强度的白色背景光或穹顶灯（用于模拟白色天光）进行整体灯光的创建，如图11-7所示。

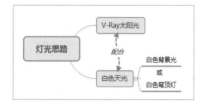

图11-7

11.4.2 调整

明确了灯光调整的思路后，接下来开始进行正式的工作。

◆ 操作如下

01 首先在"资源管理器"的设置面板中开启"材质覆盖"，如图11-8所示。

图11-8

02 为了避免开启"材质覆盖"后玻璃材质遮挡阳光，使用"油漆桶"工具 🥫 拾取模型中的窗户玻璃。进入材质面板，展开右侧的材质参数面板，再展开"材质选项"卷展栏，取消勾选"允许覆盖"选项，如图11-9所示。

03 单击"渲染"按钮 🔄 测试默认参数下的渲染结果以明确参数调整方向，测试渲染结果如图11-10所示。很显然，在默认参数下，阳光颜色中掺杂着来自天空的蓝色，且颜色较深、阴影边缘十分锐利，因此需要将太阳光与天空光分离。

图11-9

04 在"资源管理器"的设置面板中展开"环境设置"卷展栏，取消勾选"背景"选项，即不使用VRay天空纹理作为图像的背景，并将其颜色修改为白色，如图11-11所示。测试渲染结果如图11-12所示，此结果显示只有太阳光作用于场景中，背景亮度还有待提高。

图11-11

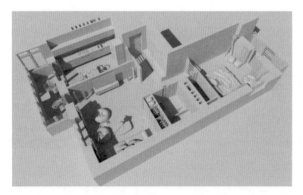

图11-10

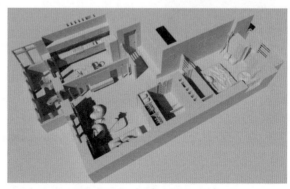

图11-12

技巧与提示

由于取消使用纹理，"背景"就变为了强度为1的白色灯光，因此其对于图像的影响也就微乎其微。

05 将"背景"强度调至30左右（实测20~30范围内的值均可），如图11-13所示，为场景添加一个均匀适中的天空光。测试渲染结果如图11-14所示。

06 除了可以进行第4、5步操作外，还可在第3步操作的基础之上添加一盏白色的穹顶灯达到第5步的渲染结果，但该方法渲染时间稍长，且图中噪点明显更多。

图11-13

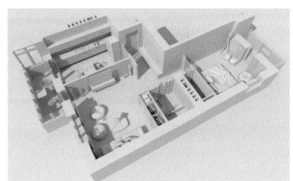

图11-14

07 调整太阳光的参数，使其阴影更加柔和、光感更加自然。将太阳光"尺寸"调大些许，此数值可调整为15~30范围内的值，此处调整为25，如图11-15所示。测试渲染结果如图11-16所示。为了改善场景灯光发黄的情况，可将太阳光的强度降低，使天空光占据灯光的主要部分。

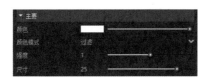

图11-15

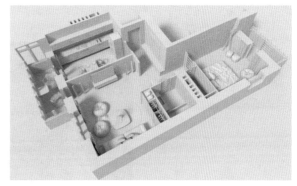

图11-16

08 将"强度"值修改为0.5左右，测试渲染结果如图11-17所示。

09 进入"资源管理器"的设置面板，将"材质覆盖"关闭，测试渲染结果如图11-18所示。由于"材质覆盖"开启时材质颜色为中灰色，因此此时图像的曝光度较为适中，但图像整体的颜色有些异常，可在帧缓存窗口的"颜色校正"面板中进行校正。

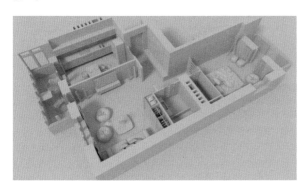

图11-17

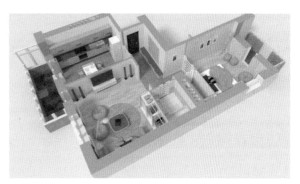

图11-18

10 由于此图像需要校正的地方较少，因此将"颜色校正"并入灯光环节中。单击帧缓存窗口左下角的■按钮打开"颜色校正"面板，首先调整"曝光度"参数，如图11-19所示，具体参数的意义在前面章节中已讲解过多次，此处不再赘述。调整后的图像结果如图11-20所示，可见对比度和色温还需调整。

图11-19

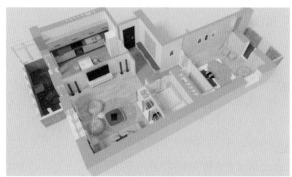

图11-20

11 勾选"白平衡"选项，将色温降低些许以改善图像发黄的问题，如图11-21所示。

图11-21

12 调整曲线，增强图像的对比度。勾选"曲线"选项，将曲线图像调整为S形，如图11-22所示，使得暗部更暗、亮部更亮，以达到增强对比度的目的。调整后的图像效果如图11-23所示，基本达到所需的灯光效果，但还需通过后期处理对图像进行更为细致的调色处理。

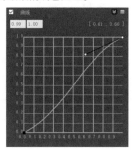

图11-22

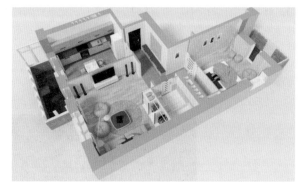

图11-23

11.5 材质

相比于其他类型的效果图，鸟瞰图的材质调整显然不需要太过考究，有些材质的效果并不显著，并且由于室内鸟瞰图涵盖了几乎所有的家装物件，其材质数量较多，因此室内鸟瞰图的材质调整是较为繁杂的。

按照之前从大到小、从易到难的调整顺序难免会漏掉一些材质，因此本案例可以从材质列表入手，依序调整。

11.5.1 材质（一）

1.不锈钢

此材质被应用于洗碗槽、门把手等物件中，是带有一定反射模糊的不锈钢材质。将漫反射颜色调为黑色，将"反射颜色"调为白色，将"反射光泽度"调至0.9左右，勾选"反射IOR"选项并将IOR值改为20，如图11-24所示。

2.乳胶漆

此材质被应用于房屋内部的白色墙壁上，和前面章节中乳胶漆材质的调整方法相同。将反射颜色调为白色、"反射光泽度"调至0.3左右，如图11-25所示，即可得到表面较为光滑但具有反射模糊的材质。

图11-24

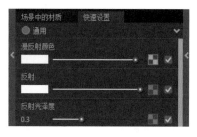

图11-25

3.地砖材质

本场景中共有3种地砖材质，分别位于阳台处、厨房及其过道处、卫生间处。首先从"地砖1"材质开始，此为阳台处的深蓝色瓷砖材质。

◆ 操作如下

01 将反射颜色调为白色，设置0.8左右的"反射光泽度"，瓷砖表面不必过于光滑，如图11-26所示。

02 给材质添加凹凸属性，此处使用漫反射贴图作为其凹凸贴图。将"漫反射颜色"纹理复制粘贴至"凹凸度"纹理上。由于漫反射贴图的颜色与所需凹凸贴图的颜色相反，因此需要对其进行反相处理。

图11-26

技巧与提示

此处想要实现瓷砖缝隙凹陷的效果，所以缝隙处颜色必须为黑色，但这与漫反射贴图的颜色相反。

03 单击"凹凸度"的"纹理贴图"按钮 ![]进入纹理面板，展开"参数>颜色控制"卷展栏，单击开启"反转纹理"即可，如图11-27所示。操作完成后，将"凹凸度"调至0.2左右。

04 使用上述方法调整"地砖2"（厨房及其过道处瓷砖）和"地砖3"（卫生间处瓷砖）材质，其中"地砖3"材质不需要进行"反转纹理"操作。

图11-27

4.墙砖材质

本场景中共有两种颜色的墙砖材质，分别为粉色和白色，并全部应用于卫生间处。其操作方法与上述地砖材质相同，根据需要调整其反射属性及凹凸属性，不需要进行"反转纹理"操作。

屏幕： 通常电视或计算机屏幕表面会放置一块玻璃以保护内屏，因此此处的屏幕应具有反射属性和较高的反射光泽度，如图11-28所示。

挂画： 此3种挂画为模型右侧卧室处的3幅，它们的表面应该附了一块玻璃，因此只需给挂画本身添加一个反射属性，即将其反射颜色调为白色。

图11-28

11.5.2 材质（二）

1.木地板

此木地板材质应用于客厅及卧室地面，是一种光滑有凹凸质感的木料材质，需要调整其反射属性和凹凸属性。

反射属性： 将反射颜色调为白色，将"反射光泽度"调至0.75左右，如图11-29所示，该值是材质库中木料材质推荐的设置。

凹凸属性： 将"漫反射颜色"纹理作为"凹凸度"纹理，将"凹凸度"调至0.1左右。

图11-29

使用同样的方法可调整下方的"橱柜木料"材质。

2.沙发布料

此处依旧使用"衰减纹理"制作。

◆ **操作如下**

01 在SketchUp材料面板中记住贴图的尺寸为5000mm×5000mm，如图11-30所示。

02 在原有漫反射的基础上添加只在边缘处发白的一层漫反射，以模拟棉布质感。单击材质属性面板右上角的 ⬇ 按钮添加漫反射层，将漫反射颜色调为白色，如图11-31所示。

03 展开"透明度"卷展栏，单击"纹理贴图"按钮 ■。在右侧找到并展开"光线跟踪纹理"卷展栏，单击添加"衰减"纹理，如图11-32所示。

04 将"颜色A（正面）"调为白色，使正面完全透明；将"颜色B（侧面）"调为浅灰色，使侧面具有一定的白色覆盖效果，如图11-33所示。

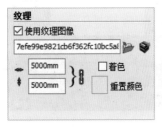

图11-30

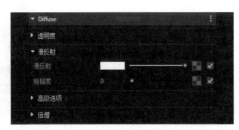

图11-31

图11-32

图11-33

疑难问答

为什么这样调整？

由于这是"透明度"纹理，白色和黑色可以理解为是和不是，即白色表示透明，黑色则表示完全不透明，根据棉布越靠近边缘越白的特性，因此此处设置"颜色A（正面）"为白色、"颜色B（侧面）"为浅灰色。

---

05 单击纹理面板中的 ◪ 按钮以显示贴图，并在SketchUp材料面板中将贴图大小改回原始大小。

06 此时材质的第一层漫反射贴图出现了问题，单击原始"漫反射"的"纹理贴图"按钮 ■ 重新指定贴图（在配套资源中相应案例的"贴图"文件夹中）。同样地，将漫反射纹理作为凹凸纹理，将凹凸强度修改为0.1左右。

3.漆面木料

本场景中共有3种漆面木料材质，分别位于厨房橱柜、玄关鞋柜和客厅衣柜处。此3种材质均为表面光滑但反射不强烈的材质，与上述木地板材质相同。将反射颜色调为白色，将"反射光泽度"调至0.75左右，如图11-34所示。

4.漆面金属

本场景中共有3种漆面金属材质，分别位于冰箱、进户门及煤气灶等物体处，其表面光滑且具有一定的反射光泽。将反射颜色调为白色，将"反射光泽度"调至0.8或0.85，如图11-35所示。

5.磨砂玻璃

磨砂玻璃又叫毛玻璃，主要用于本场景中的房门及衣柜处，是一种透光但不透视的玻璃。其材质属性相对于一般玻璃只是"折射光泽度"更小，如图11-36所示。

> **技巧与提示**
>
> 这样调整可使其更为接近"清玻璃"的质感。

图11-34

图11-35

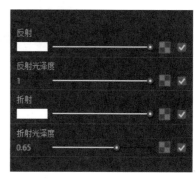

图11-36

6.窗户玻璃

与一般玻璃的调法无异，可将"雾颜色"调为浅绿色并将"雾倍增"降低，使其具有一些绿色倾向。

11.5.3 材质（三）

1.黑色玻璃

此材质应用于厨房的烤箱上。在同时具有反射、折射属性的基础上，将其"雾颜色"调为深灰色即可达到效果，如图11-37所示。

图11-37

2.窗框

此材质为白色塑料材质，表面光滑但光泽度不高，因此只需在其反射属性的基础上将"反射光泽度"调低一些，此处改为0.8左右，读者可根据经验自主把控。

3.铝

主要用于烤箱外壳，是一种表面具有磨砂质感的金属材质。将其漫反射颜色调为接近黑色、"反射颜色"调为浅灰色、"反射光泽度"调为0.8、"反射IOR"设置为20，如图11-38所示。

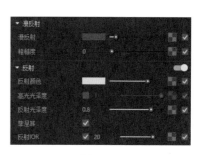

图11-38

4.陶瓷

此材质主要用于卫生间的洗手池及浴缸,将反射颜色调为白色,略微降低"反射光泽度",如图11-39所示。

5.黑色塑料

此材质与上述"窗框"材质的调法相同。材质调整完成后的测试渲染结果如图11-40所示。

图11-39

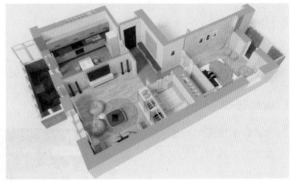

图11-40

11.6 渲染输出

通过前面多个案例,相信读者对渲染图像的参数设置已经有了更深入的理解,本章就不再赘述渲染方法及参数设置的细节,具体操作步骤可参考配套资源中的视频教程。本案例依然可以采取前面章节中提到的"光子图"渲染和"炫云"渲染的方法。本案例的图幅宽度设置为3000。

渲染完成后,将图像保存为TGA格式的文件。

11.7 后期处理

本案例依旧使用Photoshop对渲染图像进行后期处理,后期处理工作主要包括调色、润色、添加效果等操作,目的是增强图像的质感和真实度。

◆ 操作如下

01 使用Photoshop打开保存好的TGA格式的图像,使用快捷键Ctrl+J将"背景"图层复制一层,如图11-41所示。

02 使用快捷键Ctrl+Shift+A打开"Camera Raw"对话框先进行颜色校正,进行基本的调色处理,如图11-42所示,主要目的是增强对比度和进行色调校正。

图11-41

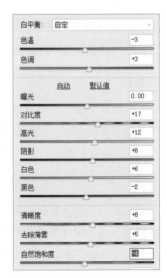

图11-42

03 单击对话框右侧面板上方的 ▲ 按钮调整图像的锐化细节，将锐化"数量"值适当增大一些，如图11-43所示。

图11-43

04 为图像叠加一层柔化效果以达到美化图像的目的，该操作的核心是设置"柔光"混合模式，使图像具有柔和的光。使用快捷键Ctrl+J将"图层1"复制一层，执行"滤镜>模糊>高斯模糊"菜单命令，如图11-44所示，打开"高斯模糊"对话框。将"半径"值调至5.0，单击"确定"按钮，如图11-45所示。

图11-45

05 将此图层的混合模式修改为"柔光"，之后可根据图像的实际情况使用"不透明度"控制此效果的浓度，如图11-46所示。

06 调整完成后，使用快捷键Ctrl+Shift+Alt+E盖印当前结果生成新的图层。双击盖印所得的图层打开"图层样式"对话框，将"通道"中的"R"和"B"取消勾选，单击"确定"按钮，如图11-47所示。

图11-46

07 使用移动工具 ✛ 将此图层对应的图像向右、向下分别移动一个像素，效果如图11-48所示，可通过"不透明度"调整其深浅，此处根据个人喜好调整。

08 使用快捷键Ctrl+Shift+S将图像保存为JPG格式的文件，最终效果如图11-49所示。

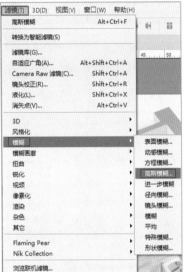

图11-44

图11-47

读者可根据本章介绍的内容举一反三，制作出属于自己的作品。在平时可收集一些设计出众的效果图，再通过"照片匹配"建模或图纸建模临摹一些好的作品，提高自己的渲染能力。例如，图11-50和图11-51所示的都是一些优秀作品。

图11-48

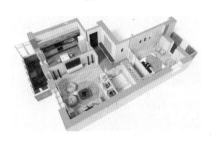

图11-49

图11-50

图11-51

第12章 餐厅夜晚室内灯光表现

扫码观看视频

前面几个案例大多表现的是日景正午的灯光照明情况，其中尽管它们也使用了一定数量的人工光源（如球形灯、IES灯光、聚光灯等），但这些光源均不是作为场景的主光源使用的。因此本章将作为前面几个室内表现的补充，介绍夜景或全封闭室内空间的表现方法。

12.1 表现方法

由于本场景处于夜景状态或封闭状态，因此自然光不再为场景中的主光源。场景只有依靠室内的其他灯光（如吊灯、灯带、射灯、蜡烛等光源）来照明，同时会添加一些气氛装饰性灯光，以增强冷暖对比的质感，如图12-1所示。

接下来从室内灯光的组成部分开始分析此类场景的表现方式。

自然光： 虽然自然光不再是场景中的主光源，但是在夜景表现中它也是必不可少的，通常用来模拟室外的月光，可使用蓝色的环境背景或面光源模拟。

图12-1

主光源： 室内主光源是指场景中的主要照明灯，其基本功能是照亮整体，通常为吊灯，一般可由自发光材质和面光源配合制作。

辅助照明： 在一般的夜景或封闭场景中，不仅需要有主光源存在，还需要有一些辅助灯来增强灯光的层次感，如台灯、灯带、落地灯等，可以将其简单地理解为将所有能开的灯全部开启。

装饰性灯光： 这类灯光虽然也能起到一定的照明作用，但是其主要作用还是作为主体灯光的装饰（如射灯灯光），突出其照明的物体或增强冷暖对比。

技巧与提示

不论是室内夜景表现还是室外夜景表现，其外景贴图和灯光颜色都不宜过黑。

12.2 场景介绍

本场景是一个半封闭的餐厅场景，建模灵感来自Pinterest的相关参考图。其建筑主体较为简单，可通过简单的推拉操作完成，其中椅子、蜡烛、玻璃瓶、吊灯等物件来自3D Warehouse，其余模型均为手动建立，如图12-2所示。本场景将使用此模型来讲解夜晚餐厅室内灯光表现。

和一般的室内表现相同，本案例的制作流程大致为确定相机—灯光—材质—颜色校正—渲染输出—后期处理。接下来将分别从这几个方面开始介绍此案例的制作方法。

图12-2

12.3 确定相机

12.3.1 确定视角

从前面章节中的经验可知，室内表现通常有"一点透视"和"两点透视"两种常用的透视方式，基于本场景模型的对称性，本案例将使用"一点透视"配合"中心构图"的方式来确定场景的视角，如图12-2所示。

可使用SketchUp的"定位相机"功能 ⚲ 将相机定位于场景的中轴线上，如图12-3所示。之后可使用"缩放"工具 🔍 和"抓手"工具 ✋ 移动视角，将其移动至合适的位置。

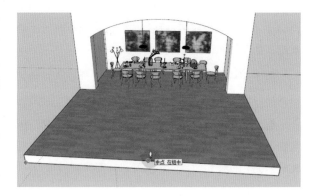

图12-3

12.3.2 确定比例

此案例使用VRay默认的16∶9比例，将"渲染安全框"打开以限制图幅比例，如图12-4所示。

图12-4

12.4 灯光

12.4.1 思路

首先观察模型，确定本场景的主光源、辅助光源、装饰光源。

①不难发现本场景的主光源照明应由餐桌上方的两盏吊灯完成，用它们来照亮整体模型。而由于此场景为半封闭状态，因此此场景中应该有来自夜空的自然光。

②餐桌上的蜡烛及其左侧的落地灯应该作为辅助光源，其作用为辅助主光源照明并丰富场景中的灯光层次。

③由于场景中有3幅类似油画的装饰挂画，因此在它们上方还可添加一盏射灯作为本场景的装饰性光源。

具体的灯光思路如图12-5所示。

图12-5

12.4.2 自然光

在创建灯光之前，首先打开"资源管理器"的设置面板，将"材质覆盖"开启。

◆ 操作如下

01 进入灯光面板，将太阳光关闭，如图12-6所示。

02 回到设置面板，展开"环境"卷展栏，取消勾选"背景"选项，启用其左侧的背景颜色作为图像的环境色，将其颜色改为图12-7所示的淡蓝色（色值为183,217,255）。

03 此时背景强度显然不足，可通过"互动式"渲染配合参数变化得到一个较为合适的值。此处设置背景强度值为5，测试渲染结果如图12-8所示。

图12-6

图12-7

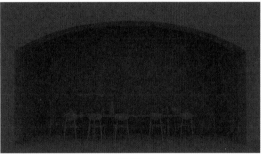

图12-8

12.4.3 主光源

基于上述12.4.1小节的思路，本场景中的主光源为餐桌上方的两盏吊灯，此处采用球形灯制作。

疑难问答

为什么采用球形灯？

因为球形灯更接近于灯泡的形状，所以其光线可以均匀地投向四周，且其光线较为柔和，便于控制。

◆ 操作方法

01 由于这两盏吊灯在建模之初就被创建为了"组件"，因此只需在一盏吊灯组件的内部创建灯光即可。在吊灯组件的中轴线上创建一盏灯泡大小的球形灯，并将其移动至灯罩中心，如图12-9所示。

技巧与提示

一定要养成将相同模型创建为组件的好习惯。

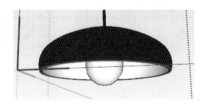

图12-9

02 打开"资源管理器"的灯光面板，将此球形灯的"颜色"改为橙黄色（色值为255,220,164），展开"选项"卷展栏，勾选"不可见"选项，如图12-10所示。

图12-10

03 默认的灯光强度值为30，这显然是不够的，可在开启"互动式"渲染后逐渐增大灯光的强度。此处最终设置的强度值为7000，测试渲染结果如图12-11所示。

图12-11

12.4.4 辅助光源

本场景的辅助光源主要由桌面上的蜡烛及其左侧的落地灯组成,本小节将详细讲解这两种辅助光源的制作方法。

◆ 操作如下

01 制作蜡烛的烛光，主要分为两个部分：一是添加发光的火苗贴图，二是添加模拟照明的球形灯。

02 使用"油漆桶"工具 🖌 拾取蜡烛上方的火苗贴图，单击材质参数面板右上方的 🖳 按钮为其添加"自发光"属性层，如图12-12所示。

03 单击"颜色"参数的"纹理贴图"按钮 ▉，添加配套资源对应案例"贴图"文件夹中的火苗贴图"Matière2.png"，单击"返回"按钮。

04 展开"材质选项"卷展栏，取消勾选"允许覆盖"选项以便查看效果，如图12-13所示。

05 将自发光的"强度"提高一些，此处只需让火苗亮起来即可。其数值需自行斟酌，参考值为5。

06 添加球形灯。本场景中共有两种蜡烛模型，均已创建为组件，如图12-14所示。在蜡烛火苗顶部创建一盏半径较小的球形灯，将其复制粘贴至另一蜡烛组件中，如图12-15所示。

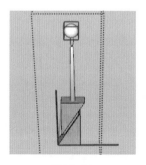
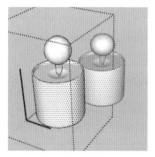

图12-12　　　　　　　　图12-13　　　　　　　　图12-14　　　　　　　　图12-15

疑难问答

为什么在火苗发光的基础上还需添加球形灯？

虽然自发光材质在一定程度上可以影响场景的照明，但由于其辐射强度不足，通常不宜作为场景中的光源使用，其本质上并不属于灯光。如果只使用自发光材质，图像就会出现噪点、白斑、照明不足等各种问题，因此还需在其基础之上添加球形灯来模拟烛光的照明。

07 勾选"不可见"选项，将灯光颜色设置为橙黄色，并提高灯光强度，此处不妨将其值设置为7000，如图12-16所示。测试渲染结果如图12-17所示，不难发现此时场景中的阴影细节更加丰富了。

08 为左侧的落地灯添加光源，此处只需将落地灯的灯罩照亮即可，在灯罩中创建一盏球形灯，如图12-18所示。

09 先将其"不可见"选项勾选，使用"互动式"渲染更改灯光强度，最终将灯光强度设置为5000，测试渲染结果如图12-19所示。

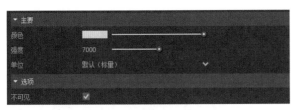

图12-16

图12-18

图12-17

图12-19

12.4.5 装饰光源

由于本场景中有3幅挂画，因此可在此3幅挂画上方添加射灯，以增强挂画的存在感，并可将其作为一个装饰光源使用。

◆ 操作方法

01 创建灯光，单击"IES灯"按钮 ⚟，打开配套资源对应文件夹中的IES灯光文件"11.ies"。按住Shift键在左侧墙壁处创建一盏斜向照射的灯，如图12-20所示。

技巧与提示

IES灯光的创建技巧

在此位置创建灯光可更精确地控制其照射方向。在创建灯光的同时按住Shift键即可控制灯光的照射方向，否则灯光的照射方向默认是向下的。

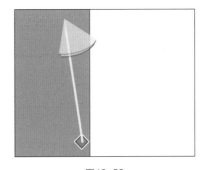

图12-20

02 将此灯光移动至左侧第一幅挂画的中轴线上，然后开始调整灯光参数。勾选"强度（lm）"选项，启用"互动式"渲染测试灯光的强度值，此处将强度值设置为30000，如图12-21所示。

技巧与提示

正常情况下，如果不勾选"强度（lm）"选项，那么灯光强度的参数将为IES文件中的亮度参数。如果勾选，则可以根据具体情况具体调整，不同IES文件的需求是不同的。

图12-21

03 测试渲染结果如图12-22所示，灯光亮度是足够了，但灯光范围还不够大，而且并不是想要的形状，可通过缩放灯光模型来改变灯光形状。将灯光模型缩放至图12-23右侧所示的形状。

04 可根据"互动式"渲染结果实时调整此灯光的形状和位置，直至达到自己满意的程度，测试渲染结果如图12-24所示。

图12-22

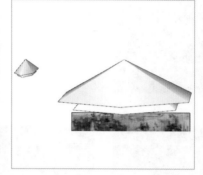

图12-23

图12-24

05 将此灯光复制至其余两幅挂画处，测试渲染结果如图12-25所示。

图12-25

12.5 材质

　　场景中的灯光已布置、调试完毕，接下来将进行材质的调整。由于本场景中材质数量较少，且在夜景环境下材质的效果并不明显，因此材质调整就大致按照由主到次的原则进行。首先从面积较大的材质开始，如墙面、地板等；再调整场景中较小的物体的材质，如木料、玻璃、蜡烛等。

　　在调整材质之前，首先应将"材质覆盖"关闭。

12.5.1 墙面

　　此处的墙面指的是场景中的白色墙体部分，其材质为一种光滑且带有反射光泽纹理的混凝土材质，可直接使用材质库中的混凝土材质修改。

◆ **操作如下**

01 用鼠标右键单击"墙面"材质，选择"在场景中选择物体"命令全选墙体。

02 找到材质库中带有"J01"序号的混凝土地面材质，将其拖曳至材质列表中，用鼠标右键单击此材质名称，选择"将材质应用到选择物体"命令替换原有的墙面材质。

图12-26

03 用鼠标右键单击"漫反射"的"纹理贴图"按钮 ▓，单击"清除"按钮，并将"漫反射"颜色调为浅灰色，如图12-26所示。

12.5.2 地板

此处的木地板材质也可使用材质库中的材质修改，找到材质库木料材质中带有"L01"序号的木地板材质，将其拖曳至材质列表中，并替换原有的地板材质。

使用"油漆桶"工具 ◢ 拾取地板的材质，再将其贴图大小修改为1200mm×1200mm，如图12-27所示。

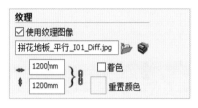

图12-27

12.5.3 蜡烛

在2.4.4小节中，介绍过一种叫作3S的材质类型，其全称为"次表面散射"材质，可用于制作蜡烛、皮肤、玉石等半透明的特殊物体，此处的蜡烛材质即可使用此材质类型制作。

◆ **操作如下**

01 找到原有的蜡烛材质，通过右键菜单全选所有已赋予此材质的物体。

02 单击材质列表下方的 ◉ 按钮，选择"次表面散射"命令创建一个3S材质，并将材质名称改为"蜡烛3S"，用其替换原有的蜡烛材质，如图12-28所示。

03 此材质默认的效果比较符合蜡烛的特点，因此不需要改动其参数，测试渲染结果如图12-29所示。

图12-28

图12-29

12.5.4 其他材质

木料材质： 此材质主要应用于餐桌及椅子模型，此处直接使用材质库中的"Plywood B 50cm"材质即可，此材质需将贴图大小设置为500mm×500mm。

白漆金属： 此材质主要应用于左侧落地灯灯罩处，将反射颜色调为白色，将"反射光泽度"设置为0.85左右，如图12-30所示。

黑漆金属： 主要应用于两盏吊灯的灯罩处，与上述落地灯灯罩的白漆金属材质的制作方法相似。

图12-30

玻璃材质： 主要应用于餐桌上的两个玻璃瓶，此处只需将反射颜色调为白色即可，与常规玻璃无异。

不锈钢材质： 应用于餐桌上的刀叉餐具，将漫反射颜色调为黑色、"反射颜色"调为白色、"反射IOR"

设置为20，并将"反射光泽度"
改为0.9左右，如图12-31所示。

　　白色陶瓷材质：应用于餐桌上
的碗碟餐具，将其反射颜色调为白
色、"反射光泽度"改为0.95左
右，如图12-32所示。

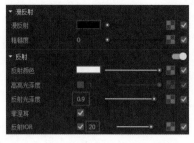

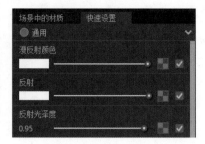

图12-31　　　　　　　　　　　　　　　　　　　图12-32

12.6 颜色校正

　　经过灯光、材质等环节的调整，最终测试渲染结果如图12-33所
示。由于在灯光环节开启了"材质覆盖"，因此在关闭了"材质覆盖"
之后物体会显示出其本身的颜色。物体在灯光下的颜色会存在偏差，可
在帧缓存窗口中进行颜色校正，从而解决这种颜色偏差的问题，这个步
骤也可在Photoshop中进行。

图12-33

12.6.1 曝光度

　　将"曝光度"略微提高，降低"曝光过度"以抵消过曝现象，稍稍
增强"对比度"使图像不发灰，如图12-34所示。

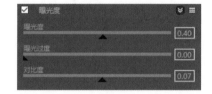

图12-34

12.6.2 白平衡

　　可适当减小色温的数值，使图像色调偏冷一些，如图12-35所示。

图12-35

12.6.3 色相/饱和度

　　将图像的饱和度提高一些，如图12-36所示，使图像颜色更加鲜艳。

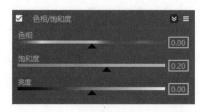

图12-36

12.6.4 颜色平衡

颜色平衡处理通常会体现个人的色彩风格，每个人的审美都不尽相同，因此此处仅提供一个参考，如图12-37所示。

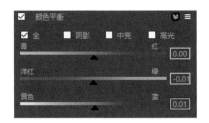

图12-37

12.6.5 曲线

这里通过调整曲线来增强图像的对比度。勾选"曲线"选项，将曲线形状调整为S形，如图12-38所示，使得暗部更暗、亮部更亮，以达到增强对比度的目的。

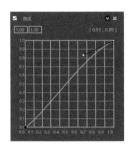

图12-38

12.7 渲染输出

12.7.1 渲染

通过前面多个章节的案例展示，相信读者对渲染图像的参数设置已经有了更深入的理解，本章就不再赘述渲染方法及参数设置的细节。本案例依然可以采取前面章节中提到的"光子图"渲染和"炫云"渲染，本案例图幅大小为1920px×1080px。

12.7.2 镜头特效

由于VRay模拟的是理想状态下的灯光效果，因此不会出现物理世界中的眩光、光晕等效果，如图12-39所示。但在其帧缓存窗口中提供了一套模拟真实世界镜头特效的工具。

◆ 操作如下

01 单击帧缓存窗口下方的 ▣ 按钮打开"镜头特效"面板。首先将"眩光效果"开启，根据自身喜好将"数量"和"尺寸"调至合适大小，如图12-40所示。

02 开启"晕光效果"，同样也可根据自身喜好调整。

调整完成后，将图像保存为TGA格式的文件。

图12-39

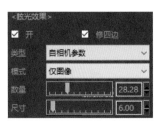

图12-40

12.8 后期处理

01 使用Photoshop打开保存好的TGA格式的图像，使用快捷键Ctrl+J将"背景"图层复制一层，如图12-41所示。

02 使用"Camera Raw滤镜"进行颜色校正。使用快捷键Ctrl+Shift+A打开"Camera Raw"对话框，在右侧面板中进行基本的调色处理，如图12-42所示。

03 单击面板上方的 ▲ 按钮调整图像的锐化细节，将锐化"数量"值适当增大一些，如图12-43所示。

04 使用快捷键Ctrl+J再次复制"图层1"生成"图层1 拷贝"图层。双击复制出的图层打开"图层样式"对话框，将"通道"中的"R"和"B"取消勾选，单击"确定"按钮，如图12-44所示。

05 使用移动工具 ✛ 将此图层对应的图像向右、向下分别移动一个像素，效果如图12-45所示，可通过"不透明度"调整其深浅，此处根据个人喜好调整即可。

06 添加晕影效果。首先使用快捷键Ctrl+Shift+Alt+E盖印当前结果生成新的图层。执行"滤镜 > 镜头校正"菜单命令，在打开的对话框的参数设置面板中，将"晕影"数量适当减少一些，如图12-46所示。

07 使用快捷键Ctrl+Shift+S将图像保存为JPG格式的文件，最终效果如图12-47所示。

图12-41

图12-43

图12-44

图12-42

图12-45

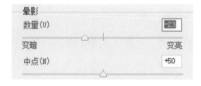

图12-46

图12-47

第13章

第13章 书房工作台小场景表现

扫码观看视频

前面的几个案例中主要介绍了一些常规视角下室内、外场景的制作，它们的共同点是场景的主体与相机之间保持了一定的距离，且场景体量较大。本章将拉近主体与相机的距离，介绍小场景该如何表现。

13.1 小场景概述

此处的"小场景"可指摄影中的特写场景或产品表现，也可指室内外场景中某一隅的表现。前者依靠专业的灯光布置和纯色的背景烘托特写产品材质的质感，表现产品在相机聚焦下的美感，常用于手机、汽车等注重工业设计的产品，如图13-1所示。后者则通过室内外真实的照明环境和清爽的构图方式来增强室内外设计方案中细节的存在感，用细节打动客户，如图13-2所示。本章将专注于后者详谈小场景的渲染方法。

不论是何种方式、何种风格的"小场景"，其最主要、最重要的还是灯光的制作。灯光是一个比较难以控制的部分，读者不仅需要正确认识渲染器中的各种灯光类型，还需要在实际运用中学会各种灯光的搭配，如第2章提到的"三点布光"以及其他章节中所涉及的打光方式。

除了正确的灯光制作思路，材质的质感同样决定着图像的细腻程度。不同于以往的室内外场景，小场景模型的体量较小，其对材质的要求也会相应地提高，有时甚至会违背物理现象适当地对材质进行夸张处理。当然，灯光与材质都必须基于模型本身足够细致这个必要前提。

图13-1

图13-2

13.2 场景介绍

本场景是北欧风格书房的工作台一角，如图13-3所示，建模灵感同样来自Pinterest的推送图片。为了模拟出真实的室内环境，本场景的所有物体均被摆放在一个具有灯光入口的方盒中。模型主体较为简单，其中除木质笔筒、键盘及台灯为自建以外，其余物体均来自SketchUp官方模型库——3D Warehouse。和常规室内表现的制作流程相同，本案例的制作流程大致为确定相机—灯光—材质—颜色校正—渲染输出—后期处理。接下来将分别从上述的制作流程开始介绍此案例的制作方法。

图13-3

13.3 确定相机

13.3.1 确定视角

在小场景的制作中，场景布置和拍摄角度会影响到最终渲染的效果，因此确定视角在小场景的渲染中尤为重要。就本案例的场景而言，通常会使用"三点透视"的视角，以尽量接近人眼真实的视觉感受。本场景选用了一个从左侧观察的视角，且视角高度较高，接近一种俯视的感觉，具体位置读者可根据自身审美决定。

13.3.2 确定比例

此案例使用VRay默认的16：9长宽比，将"渲染安全框"打开以限制图幅比例，如图13-4所示。

图13-4

13.4 灯光

由于本案例的场景为书房一角，因此灯光部分依然包括自然光和人工光，其中自然光为来自大气散射的天光，人工光来自台灯及计算机屏幕。

在调整灯光之前，首先应在"资源管理器"的设置面板中将"材质覆盖"关闭，如图13-5所示。

图13-5

13.4.1 自然光

本场景中的自然光为来自大气散射的天光，可将一个面光源放置于窗外以模拟柔和、均匀的天光。

疑难问答

为什么不使用VRay默认的光照系统？

由于本场景处于一个比较封闭的室内，天空贴图的环境光对场景亮度的影响程度较小，且本场景受太阳光的影响也比较小，因此此处考虑将VRay太阳光和VRay天空环境光关闭，使用面光源模拟天光。

◆ 操作如下

01 在"资源管理器"的设置面板中展开"环境"卷展栏，取消勾选"背景"选项以关闭环境光，如图13-6所示。

图13-6

图13-7

02 进入灯光面板，单击"Sunlight"（太阳光）左侧的 ☀ 按钮关闭太阳光，如图13-7所示。

03 回到SketchUp窗口，按住鼠标中键将视角旋转至窗外，在墙面处创建一个正面朝向室内的面光源，使其面积比窗口略大，并将其向外移动一些，如图13-8所示。

04 单击"场景号1"返回原视角，单击 🔄 按钮对场景进行"互动式"渲染，以便实时查看场景光效来修改灯光强度值。经过几个数值（100、300、500）的测试，最终将灯光强度值确定为500，此值并不固定，读者可根据自我感觉判断。测试渲染结果如图13-9所示，由于材质覆盖的颜色为中灰色，因此此时图像的曝光看起来有问题。

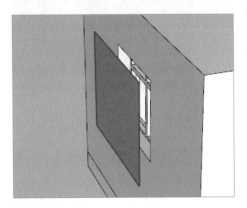

图13-8

图13-9

13.4.2 人工光

本场景中的人工光主要包括台灯的灯光和计算机屏幕的灯光，其中台灯处的灯光可使用球形灯制作，以便模拟灯泡的光感。为了不影响计算机屏幕贴图的正常显示，可在屏幕前创建一个面光源来模拟计算机屏幕对场景的照明影响。

◆ 操作如下

01 制作台灯灯光。在此台灯灯罩的中心位置创建一盏类似灯泡大小的球形灯，如图13-10所示。

02 展开其灯光参数面板下方的"选项"卷展栏，将"不可见"选项勾选即可不显示灯光本身；取消勾选"影响反射"选项，避免光线被反射到灯光实体；将"颜色"修改为橙黄色（色值为255,185,115），如图13-11所示。

03 在"互动式"渲染下不断增强灯光强度，本例最终将该灯光强度值定为3000，测试渲染结果如图13-12所示。

04 创建计算机屏幕灯光。在屏幕与键盘中间创建一个光照方向朝外的面光源，其可与键盘横向平行，面积不需要过大，如图13-13所示。后期还可根据渲染结果改变该灯光的位置。

图13-10

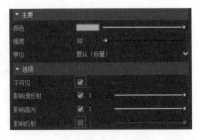

图13-11

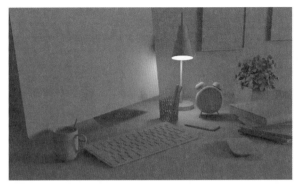

图13-12

图13-13

05 打开灯光参数面板，将此面光源的"不可见"选项勾选。打开"互动式"渲染，根据渲染结果调整灯光强度。本例最终给出的灯光强度值为250，读者可根据自身经验判断，测试渲染结果如图13-14所示。

06 将"材质覆盖"关闭，测试渲染结果如图13-15所示，由于没有调整材质，因此图像此时显得特别缺乏生机。

图13-14

图13-15

疑难问答

此时渲染的结果是不是有些太暗了？

　　由于材质覆盖默认为用户提供的材质是中灰色的，因此开启了"材质覆盖"的图像往往要比正常渲染的图像暗一些。如果在材质覆盖下渲染的图像恰好曝光正常，那么在关闭"材质覆盖"后，图像可能就会出现过曝问题。所以此时图像较暗也没有关系，最终效果主要还取决于关闭"材质覆盖"后的效果。

13.5 材质

　　场景中的灯光已布置、调试完毕，接下来将进行材质的调整。由于本场景中材质数量较少，且在夜景环境下材质的效果并不明显，因此材质调整就大致按照由主到次的原则。首先从较为主要的材质开始，如铝合金和键盘、叶子的材质等；再调整场景中较小且较为简单的材质，如陶瓷、不锈钢等。

13.5.1 铝合金

　　此处的铝合金材质指的是计算机外壳及键盘外壳等处的阳极氧化铝材质。此材质表面较为光滑，但是光泽度不高，且颜色呈中灰色，因此其调整方法与一般金属材质的调法较为不同。

◆ **操作如下**

01 为了保证其颜色正确，漫反射颜色不必为黑色；由于其表面光泽度不够，因此此处的"反射颜色"为中灰色、"反射光泽度"为0.7；由于其具有金属的属性，因此将"反射IOR"值设置为15，如图13-16所示。

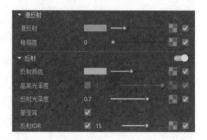

图13-16

02 建模时出于精简模型的考虑，场景模型中很多硬边处没有进行倒角处理，因此此处可使用"凹凸"纹理为铝合金模型添加倒角效果，增强图像的真实感。

03 展开材质参数面板下的"贴图"卷展栏，展开"凹凸和法线贴图"选项，单击 ■ 按钮添加"边线"纹理。在左侧列表中找到"边线"纹理并单击，如图13-17所示。

04 在"边线"纹理的参数面板中，将"宽度"按照模型的大小设置为合适的值，默认的宽度单位为英寸（1英寸=2.54cm）。此处将宽度值改为0.05，此值较为适中，如图13-18所示。

05 测试渲染结果如图13-19所示，发现材质质感基本到位。

图13-17

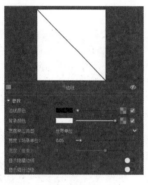
图13-18

图13-19

13.5.2 桌面

桌面材质是一种表面较为光滑，高光光泽度较大，且具有一定的凹凸质感的木料材质。

◆ **操作如下**

01 调整反射属性，将反射颜色调为浅灰色，此处的反射强度不宜过大，将"反射光泽度"调至0.72左右即可，如图13-20所示。

02 给桌面添加凹凸质感。将"漫反射"纹理复制粘贴至"凹凸"纹理处，将"漫反射"纹理作为"凹凸"纹理使用，将其强度值减小至0.1左右。此处给出的值为0.07，如图13-21所示。

03 测试渲染结果如图13-22所示。

图13-20

图13-21

图13-22

13.5.3 键盘

如果仔细观察生活中类似场景中的键盘就能知道,这是一种类似笔记本电脑的键盘。其材质为表面较光滑且具有一定光泽度的塑料材质,其边缘还具有倒角质感。用于制作此类键盘的塑料大多为ABS工程塑料,其在使用一段时间后表面会出现磨花、泛油光等现象,如图13-23所示。因此该材质这种"不完美"的质感也应该被表现出来。

图13-23

◆ 操作如下

01 上述所描述的大多数效果都可通过反射属性完成。手指在不同按键上敲击的频率不同,使塑料表面磨损程度不一,最终导致其反射光泽度不一。因此可通过一张脏痕贴图来控制反射光泽度,使其表面具有一种泛油光的质感。

图13-24

02 将反射颜色设置为接近白色的浅灰色,如图13-24所示。

03 单击"反射光泽度"的"纹理贴图"按钮■进入纹理参数面板,添加位图纹理,选择配套资源对应案例"贴图"文件夹中的脏痕贴图"Iron-Diff.jpg",如图13-25所示。

图13-25

04 由于磨损的部分较少,其表面反射光泽度较低的部分也较少,贴图所需要的深色部分就较少,因此在使用此贴图前必须将其颜色反转。展开纹理参数面板的"参数>颜色操作"卷展栏,启用"反转纹理",将"颜色偏移"滑块向右移动一些,增大"反射光泽度"低的部分的值,如图13-26所示。

图13-26

图13-27

05 单击"返回"按钮回到材质列表,设置材质预览方式为"Floor",如图13-27所示。观察"反射光泽度"贴图的纹理大小,如图13-28所示,此贴图显然尺寸过大。

图13-28

06 进入纹理参数面板,展开下方的"纹理放置"卷展栏,将"重复U/V"的值增大一些,使贴图的重复次数增多,以缩小贴图尺寸。此处将值设置为3(通过观察材质预览反复调整得出此值),如图13-29所示。

07 使用上述"铝合金"材质调整的方法为键盘模型倒圆角,此处将"宽度"值设置为0.03。测试渲染结果如图13-30所示。

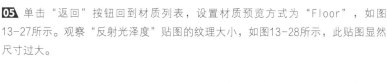

图13-29

图13-30

为什么不通过SketchUp的材料面板修改贴图大小?

由于键盘只使用了一张简单的贴图赋予材质,一旦将"反射光泽度"贴图显示并修改其尺寸,原有键盘贴图的位置就会发生改变,使渲染发生错误,因此只能使用本节介绍的这种方式修改贴图大小。

13.5.4 叶片

叶片材质依旧可以使用"双面"材质制作。

◆ **操作如下**

01 拾取叶片材质,在SketchUp的材料面板中查看叶片贴图的尺寸,此处为25mm×32mm,如图13-31所示。

02 调整叶片的反射属性,将反射颜色调为白色、"反射光泽度"调至0.6左右,如图13-32所示。

03 单击材质列表下方的 按钮,创建一个"双面"材质,将其命名为"叶片-双面"。将其"正面材质"设置为"叶片"材质,将"半透明"滑块向右移动一些,使材质更加透光,如图13-33所示。

04 用此"双面"材质替换原有的"叶片"材质,在SketchUp材料面板中将贴图尺寸改为原始叶片贴图的尺寸,可单击 按钮取消尺寸链接再输入数值,如图13-34所示。

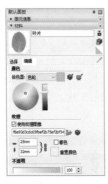

图13-31

图13-32

图13-33

图13-34

13.5.5 其他材质(一)

计算机屏幕: 首先调整计算机屏幕处的两种材质。

屏幕边缘处的黑边: 将反射颜色调为白色,将"反射光泽度"适当降低一点,使其表面光滑且具有一定的反射模糊质感,如图13-35所示。

屏幕内容: 和上述黑边表面质感相同,但还需调整屏幕贴图的明度;单击其"漫反射"的"纹理贴图"按钮 ,展开贴图选项的"参数>颜色操作"卷展栏,将"颜色偏移"滑块向右移动一点,提高贴图明度以模拟显示器内图像发光的效果,如图13-36所示。材质预览效果如图13-37所示。

图13-35

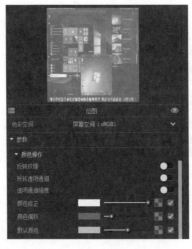

图13-36

图13-37

陶瓷材质： 本场景中共有两种陶瓷材质，分别是左侧的咖啡杯和右侧的花盆，此类材质的调整方法在前面的章节中已经多次介绍，此处就不再赘述，如图13-38所示。

不锈钢材质： 此材质被应用于场景中的勺子、闹钟、台灯灯杆等处，此类材质的调整方法如图13-39所示。

玻璃： 此处只需将"反射"及"折射"颜色调为白色即可。

鼠标： 只需调整其表面的浅灰色塑料和白色苹果标志即可，都是一种表面光滑的聚碳酸酯塑料；将"反射"颜色调为白色、"反射光泽度"设置为0.85左右，如图13-40所示。

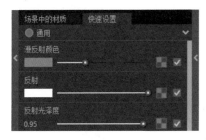
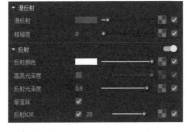
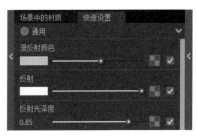

图13-38	图13-39	图13-40

13.5.6 其他材质（二）

封面： 拾取桌面右侧书本的白色封面材质，其应是一种表面较为光滑的铜版纸，质地偏软，"反射光泽度"应较低，如图13-41所示。

台灯灯罩： 此处台灯灯罩分为外表面和内表面两个部分，均为一种漆面金属材质，将"反射"颜色调为白色，"反射光泽度"可调整为0.7左右，如图13-42所示。

白墙： 此处应为白色乳胶漆材质，材质参数如图13-43所示。

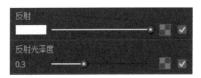

图13-41	图13-42	图13-43

彩色画笔： 其均由一种工程塑料材质制成，因此调整方法与其他塑料材质的调法相同，将"反射"颜色调为白色、"反射光泽度"定为0.75左右，如图13-44所示。

材质整体效果如图13-45所示。

图13-44

图13-45

13.6 颜色校正

经过灯光、材质等环节的调整，最终测试渲染结果如图13-45所示，此时图像颜色有些异常。这是"线性工作流"的弊端，其在渲染流程中会使图像颜色有些"不正常"。由于人的眼睛更习惯于欣赏高对比度的艺术化图像，因此需要对此图像进行颜色校正。

本场景的图像需要进行的颜色校正共有曝光度、色相/饱和度、颜色平衡、曲线4个部分。

13.6.1 曝光度

调整后的曝光度参数如图13-46所示，主要通过增加"曝光度"来提升场景亮度，降低"曝光过度"来抵消过曝现象，增强"对比度"来解决图像发灰的问题。调整后的图像效果如图13-47所示。

图13-46   图13-47

技巧与提示

调整曝光度的技巧

可单击帧缓存窗口下方左起第二个按钮 ▦ 开启"强制颜色钳制"，用异样的颜色显示过曝区域，再调整参数消除过曝。

13.6.2 色相/饱和度

由于此图像中的桌面颜色及灯光颜色均不是理想的颜色，所以此处可使用"色相"调整色彩，而场景中的"饱和度"也较高，因此也需进行调整，调整的具体参数如图13-48所示。

调整后的图像效果如图13-49所示。

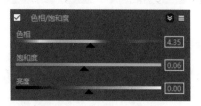

图13-48   图13-49

13.6.3 颜色平衡

颜色平衡可以矫正图像的偏色问题，但每个人的审美方向不同，故本书中的调法仅供参考。将图像调整得

偏青、偏绿、偏蓝一些，矫正图像偏红的情况，给图
像添加一点青色倾向，如图13-50所示。

调整后图像效果如图13-51所示。

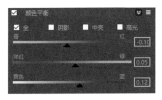

图13-50

图13-51

13.6.4 曲线

将曲线调整为S形以
增强对比度，如图13-52
所示。校正后的图像预览
效果如图13-53所示。

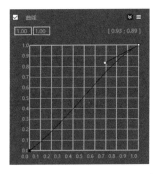

图13-52

图13-53

13.7 渲染输出

渲染输出依然可以按照前面两章中所介绍的"光子图"渲染流程
进行，其中没有添加任何渲染元素，渲染输出用时24分59.7秒，如图
13-54所示。在帧缓存窗口中将图像保存为TGA格式的文件。

图13-54

13.8 后期处理

其实图像制作到这里就可以结束了，但有些细节还没有处理完善。例如咖啡
杯中咖啡散发的水汽，并且图像的对比度和锐度也不够，因此建议在Photoshop、
After Effects等外部程序中对图像进行进一步的后期处理。

◆ 操作如下

01 使用Photoshop打开保存好的TGA格式的图像，首先使用快捷键Ctrl+J复制一层"背景"
图层，如图13-55所示。

图13-55

02 使用快捷键Ctrl+Shift+A打开"Camera Raw"对话框对图像进行一些基本调色，其主要目的为增强图像的对比度，如图13-56所示。

03 单击对话框右侧面板上方的 ▲ 按钮展开细节面板，将锐化数量适当增加一些，如图13-57所示。

04 在咖啡杯上方添加热气，将配套资源对应案例"贴图"文件夹中的水汽素材"烟雾.png"拖曳至Photoshop中，将其移动至合适位置，使用自由变换工具（快捷键为Ctrl+T）将其缩放至合适大小，如图13-58所示。

05 给图像添加一个镜头色散的效果。使用快捷键Ctrl+J将"图层1"复制一层，双击复制出的图层进入"图层样式"对话框的"混合选项"面板，将"高级混合"下"通道"中的R、B（红、蓝通道）取消勾选，如图13-59所示，单击"确定"按钮。

图13-57

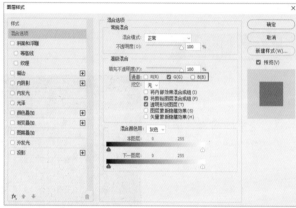

图13-56

图13-58

图13-59

06 使用移动工具 ✛ 将图层对应的图像向右、向下移动一个像素，达到图13-60所示的效果。使用透明度控制其深浅，透明的程度读者可自行确定。

07 使用快捷键Ctrl+Shift+S将图片另存为JPG格式的文件。最终后期结果如图13-61所示。

图13-60

图13-61

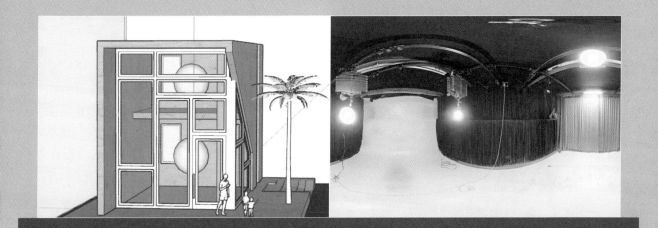

第14章 手工模型风格渲染

扫码观看视频

上一章中已经介绍了一种室内"小场景"的渲染方法，本章将以手工建筑模型的特写场景为主，介绍如何进行类似的产品表现，以及如何营造一种手工模型风格的质感。

14.1 制作方法

任何风格、任何对象的渲染都不外乎灯光、材质、相机这几个方面，我们要做的就是针对不同的风格、不同的对象适当调整这几个方面的内容，这与我们对世界的观察以及思考的能力有很大关系。

14.1.1 灯光

一般来说，像手工模型这种"产品"，通常不会被放置在室外阳光下或真实室内环境中拍摄。大多数情况下，其都是在专业的摄影棚内完成拍摄的，并且会使用专业的拍摄灯光，如图14-1所示。

因此在渲染手工模型类产品时，需要将所有的自然光关闭，使用渲染器中提供的人工光源对场景进行光照模拟。在灯光的制作中，可使用聚光灯或面光源使灯光集中地从某一个方向照向模型，使其产生较暗的阴影，突显其形体，如图14-2所示。

当然，在一些情况下大可不必将灯光打得如此"偏执"，可在此基础之上继续完善灯光环境。在阴影的方向创建一个辅助光照亮漆黑的阴影，并在相机对面创建一个背景光衬托主体轮廓，使其达到"三点布光"的效果。

图14-1

图14-2

既然类似的手工模型大多是在摄影棚内完成拍摄的，那么也可以使用一张在摄影棚内部拍摄的灯光HDRI环境贴图来模拟模型拍摄时的光照环境，如图14-3所示。

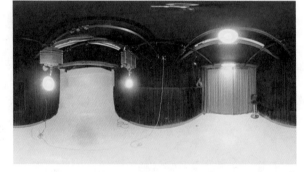

图14-3

14.1.2 材质

由于手工模型的材料是来自现实生活的，常见的材质有三合板、密度板、亚克力等。不过这些材质难免会因为种种情况而出现一些瑕疵，所以它们往往是不完美的。可使用渲染器中的一些材质调整工具来模拟一些瑕疵，如材质表面的脏痕、指纹印及胶水的外漏等，当然这些效果在建模之初也是可以考虑直接使用建模的方式解决的。

模拟瑕疵的技巧

1.材质调整方式。可使用污垢纹理制作材料表面的胶水外漏及磨损，可使用折射贴图制作玻璃等光滑表面的指纹印。

2.可在建模之初针对模型的边角处进行一定的变形、扭曲，如图14-4所示。也可在主体建模完成后在模型中添加一些不规则形状的木屑材质，通过散布插件将其随机分布在模型四周，如图14-5所示。

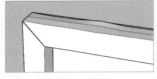

图14-4

图14-5

14.1.3 相机

渲染与拍摄类似，在手工模型的渲染中，相机的视野不宜过宽，不需要过于夸张。一旦视野过大，画面就会出现一定的扭曲，不符合真实的相机视野。

在渲染器中，可利用相机设置中的景深效果增强图像的画面感，掩盖其不自然的部分。当然，构图也是十分重要的，这取决于设计师自身的爱好、审美和模型的形状。

相机视野推荐在35°到55°的范围内，可在SketchUp窗口中执行"相机＞视野"菜单命令手动指定视野范围。

14.2 场景介绍

此场景的建筑部分来自SketchUp官方模型库——3D Warehouse，该模型本身就是作为手工模型供用户下载的，如图14-6所示。

本书对上述手工模型进行了改造，将其放置在一个玻璃展示台中，如图14-7所示，表示在"摄影棚"中完成"拍摄"任务，相机构图采用"中心构图法"。

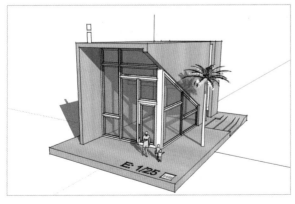

图14-6

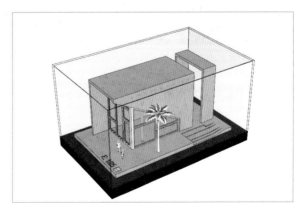

图14-7

此场景使用16：9的长宽比渲染图像，如图14-8所示。本案例的制作流程大致为灯光—材质—颜色校正—渲染输出—后期处理。

图14-8

14.3 灯光

14.3.1 思路

本案例中的灯光部分将使用第2章灯光部分中提到的"三点布光"法来模拟摄影棚中的灯光环境，具体原理及做法请转至第2章中查看。此处使用三个面光源分别作为场景的主体光、辅助光、轮廓光（或称背景光），建筑的室内部分则使用球形灯照亮。

技巧与提示

VRay的面光源是最好用的光源之一，其光线均匀、柔和，非常适合作为场景的主体光或辅助光，这也是面光源位于灯光工具栏首位的原因之一。

14.3.2 准备工作

01 在灯光制作之前，首先开启"材质覆盖"，为了避免场景中的两种玻璃材质遮挡住灯光，在这两种玻璃材质的属性面板中展开"材质选项"卷展栏，将"允许覆盖"选项取消勾选，如图14-9所示。

02 将VFS 3.6中默认开启的天空光及太阳光关闭。在"资源管理器"的设置面板中将"环境"卷展栏中的"背景"选项取消勾选，如图14-10所示。进入灯光面板，单击 ⬚ 按钮将太阳光关闭，如图14-11所示。

图14-9

图14-10

图14-11

03 在模型整体的底部创建一个"无限地面"，使场景模型落地，如图14-12所示。

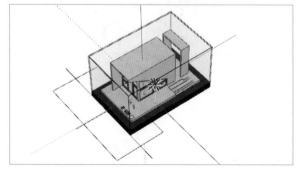

图14-12

14.3.3 创建灯光

01 创建"三点布光"中的主体光，此处使用面光源制作，在模型左侧创建一盏朝向模型的面光源，如图14-13所示。

02 打开"资源管理器"的灯光面板，启用"互动式"渲染，修改灯光的强度，此处将灯光强度值设置为300，测试渲染结果如图14-14所示。可以看到，模型产生了较暗的阴影，在一定程度上突显出了模型的形体，基本上完成了主体光的照明，但也使其右侧一片漆黑，因此还需在右侧创建一个辅助光。

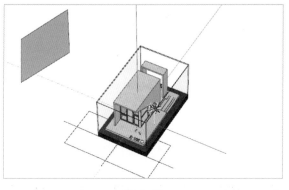

图14-13

图14-14

03 在模型右侧创建一个朝向模型的面光源，用以打亮模型右侧漆黑的地方，如图14-15所示。此灯光的强度不需要过大。

04 由于此灯光模型遮挡住了场景，因此需要让其"不可见"。打开灯光面板，展开右侧属性面板中的"选项"卷展栏，将"不可见"选项勾选，如图14-16所示。

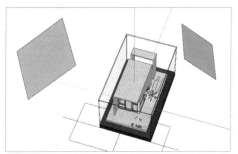

图14-15

图14-16

05 依旧可使用"互动式"渲染不断调试灯光强度，最终将灯光强度值定为100，此处只需将漆黑的位置打亮即可，测试渲染结果如图14-17所示。

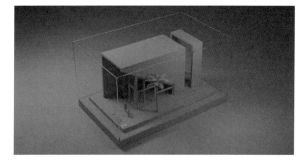

图14-17

06 在模型后方创建一个背景光，同样使用面光源制作，目的是强调主体轮廓，帮助突显空间的形状和深度感。此处可直接将上述辅助光复制旋转至模型后方，如图14-18所示。

07 由于VFS 3.6的灯光默认是组件，因此不需要调整背景光的灯光参数，渲染测试结果如图14-19所示。

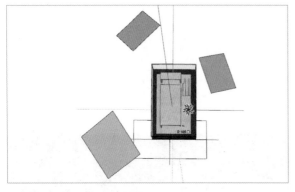

图14-18

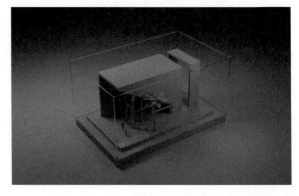

图14-19

08 创建灯光使得建筑模型的室内部分被照亮，通常可使用球形灯或面光源制作。此处就使用球形灯制作，在建筑内部创建两个球形灯，分别置于上、下两层，如图14-20所示。

09 首先将其"不可见"选项勾选，打开"互动式"渲染，将灯光强度提高一些。通过300、200等值的测试，此处将灯光强度值设置为200，渲染测试结果如图14-21所示。

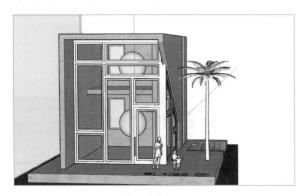

图14-20

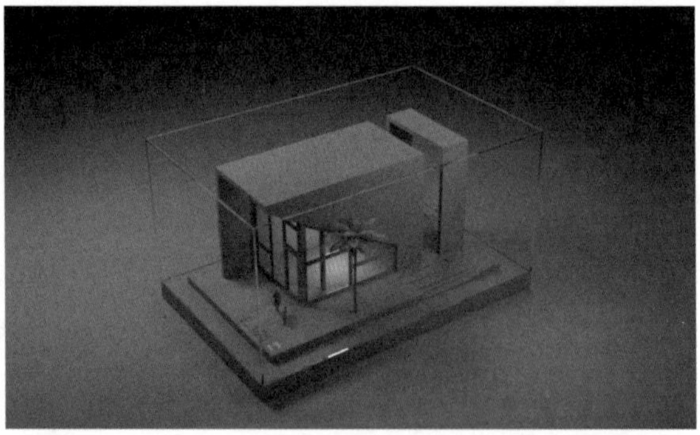

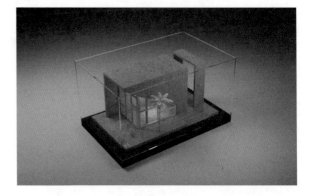

图14-21

10 将"材质覆盖"关闭，灯光效果如图14-22所示，由于模型的主体色是木质颜色，因此球形灯所产生的照明光也变为了橙黄色。

图14-22

14.4 材质

本场景中涉及的材质较少，但为了模拟出模型的质感，材质部分还需要细致调整。

14.4.1 玻璃

此处的玻璃指的是模型玻璃展示台的玻璃，此类玻璃材质为清玻璃，其应具有淡绿色的雾颜色。并且为了模拟出真实的"不完美"效果，此玻璃表面应具有指纹接触后的脏痕。

◆ 操作如下

01 调整此玻璃材质的雾颜色，将"雾颜色"设置为淡绿色，如图14-23所示。

02 此时的玻璃颜色太过于浓重了，如图14-24所示，可通过控制"雾倍增"的大小来控制其浓度大小。此处将"雾倍增"适当减小一些，将其值设置为0.261（此值为拖曳滑块所得），调整后的材质效果如图14-25所示。

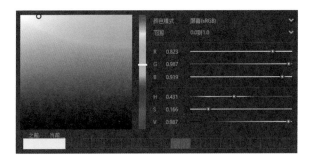

图14-23

图14-24

图14-25

03 给玻璃表面添加指纹脏痕，在制作之前，首先需要明确使用何种方式制作。仔细观察生活中的场景，通常玻璃上的指纹在光的映衬下应是白色的，并且遮挡住了光的折射。因此此处可在"折射"纹理上添加一张带有指纹印的贴图，如图14-26所示。

04 单击"折射颜色"的"纹理贴图"按钮 ■，添加上述脏痕贴图。根据贴图映射的颜色规则（黑色为不透明、白色为透明），此贴图需要进行反相处理，展开"参数>颜色操作"卷展栏，启用"反转纹理"选项，如图14-27所示。

图14-27

05 单击 ⬛ 按钮显示此贴图，然后在SketchUp材料面板中将"不透明"值增大以更加清楚地查看贴图，如图14-28所示。

图14-26

不透明

图14-28

06 此时贴图尺寸较小，可在SketchUp材料面板中将贴图尺寸改为500mm×500mm，并将其"不透明"值减小，避免其影响视觉效果，如图14-29所示。测试渲染效果如图14-30所示。

图14-29

图14-30

07 将"反射颜色"调为白色给玻璃添加反射，为了避免将灯光实体反射到玻璃上，将第二个面光源的"影响反射"关闭，如图14-31所示。

图14-31

14.4.2 木料

生活中的木料大多是表面粗糙有纹路的木料，虽然万事万物均有反射属性，但对反射不明显的木料来说，其在渲染器中只需具有漫反射和凹凸两种属性即可。

◆ **操作如下**

01 此处的漫反射已经被赋予了一张木纹贴图，因此先为其添加凹凸属性。将"漫反射颜色"贴图复制粘贴至"凹凸"纹理上，将其强度值改为0.1左右，此处改为0.07，如图14-32所示。

图14-32

02 在木料的边角处添加些许发白的痕迹，以模拟胶水外漏及木料磨损的质感，此处可使用"污垢纹理"制作。首先用鼠标右键单击"漫反射"的"纹理贴图"按钮 ，选择"拷贝"命令备份"漫反射"贴图。单击 按钮进入纹理界面，在左侧的列表中找到"污垢纹理"，如图14-33所示。

03 用鼠标右键单击"未遮蔽颜色"的"纹理贴图"按钮 ，选择"粘贴为复制"命令，将"遮蔽颜色"调为白色，并将"反转法线"选项勾选。

图14-33

"反转法线"的作用是什么？

　　由于默认的"污垢纹理"会在模型的阴角处创建污垢，但本场景需要在阳角处添加磨损质感，因此此处需要开启"反转法线"，将污垢反转到模型的阳角处。

04 通常"污垢纹理"只需调整两个参数，即"半径"和"衰减"。"半径"控制污垢的宽度，"衰减"控制污垢的辐射范围。此处仍然使用"互动式"渲染查看调整后的结果。最终给出的"半径"值为0.44，"衰减"值为0.66，如图14-34所示，具体数值可根据渲染结果自行决定。

05 测试渲染效果如图14-35所示。

图14-34　　　　　　　　　　　图14-35

14.4.3 其他

01 在材质列表中找到"模型玻璃"，此处只需将其"反射颜色"调为白色即可。

02 拾取黑色塑料底座，此处应为一种表面较为光滑、反射光泽度较低的塑料材质。将反射颜色调为白色、"反射光泽度"更改为0.65左右，如图14-36所示。

图14-36

14.5 颜色校正

　　灯光、材质等步骤完成后，测试渲染结果如图14-37所示。此时图像处于一种低亮度、低对比度的状态，可对其进行颜色校正操作。

　　根据图像的不足，可总结出需要进行颜色校正的几个部分：曝光度、色相/饱和度、曲线。通过调整曝光度来提高图像亮度及对比度，然后调整色相/饱和度对图像进行一定程度的调色，最后通过曲线调整图像整体的对比度。

图14-37

1.曝光度

单击帧缓存窗口左下角的 ■ 按钮打开"颜色校正"面板，首先调整曝光度。将"曝光度"提高至0.77左右，将"曝光过度"降低以抵消过曝现象，提高"对比度"来解决图像发灰的问题，如图14-38所示。调整后的效果如图14-39所示。

图14-38

图14-39

2.色相/饱和度

首先将"色相"滑块向右移动些许，使图像的橙黄色发生偏移；将"饱和度"降低，如图14-40所示。调整后的效果如图14-41所示。

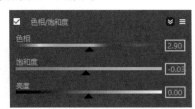

图14-40

图14-41

3.曲线

将曲线调至图14-42所示的S形。调整后的效果如图14-43所示。

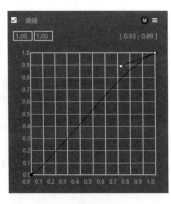

图14-42

图14-43

14.6 渲染输出

渲染输出依然可以按照前面两章中所介绍的"光子图"渲染流程进行，其中没有添加任何渲染元素，渲染输出分辨率为1920px×1080px，用时5分45秒，如图14-44所示。在帧缓存窗口中将图像保存为TGA格式的文件。

图14-44

14.7 后期处理

后期处理依然使用Photoshop，主要对图像进行一些调色处理，再添加些许晕影、色散等镜头特效。

◆ 操作如下

01 使用Photoshop打开图像，首先使用快捷键Ctrl+J复制一层"背景"图层，如图14-45所示。

02 使用快捷键Ctrl+Shift+A打开"Camera Raw"对话框，参数设置如图14-46所示。

03 单击对话框右侧面板上方的 ▲▲ 按钮展开"细节"选项卡，将锐化数量适当增加一些，如图14-47所示。

04 叠加一层柔化效果美化图像。使用快捷键Ctrl+J将"图层1"复制一层，执行"滤镜>模糊>高斯模糊"菜单命令，如图14-48所示，在打开的对话框中将"半径"值调至5.0，单击"确定"按钮。

图14-45

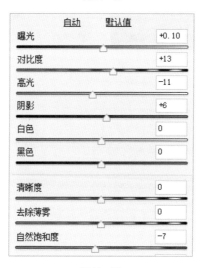

图14-46

图14-47

图14-48

05 将复制出的图层的混合模式修改为"柔光"，如图14-49所示。之后可根据图像的实际情况使用"不透明度"来控制此效果的浓度。

06 调整完成后，使用快捷键Ctrl+Shift+Alt+E盖印当前结果生成新的图层。双击盖印所得的"图层2"图层打开"图层样式"对话框，将"通道"中的"R"和"B"取消勾选，如图14-50所示，单击"确定"按钮。

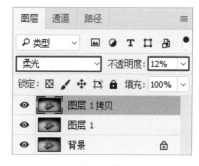

图14-49

图14-50

07 使用移动工具 ✛ 将此图层对应的图像向右、向下分别移动一个像素，效果如图14-51所示，可通过"不透明度"调整其深浅，此处根据个人喜好调整即可。

08 还可在上述步骤的基础之上盖印图层生成新的图层，给图像添加"模糊画廊"效果，以模拟开启镜头景深的效果。这一步操作不是必需的，主要还是取决于读者个人喜好。

09 使用快捷键Ctrl+Shift+S将图片另存为JPG格式的文件。最终后期效果如图14-52所示。

图14-51

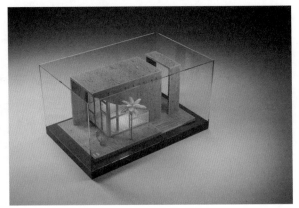

图14-52